华山梨

美人酥梨

茄 梨

秋黄梨

圆黄梨

早美酥梨

中华玉梨

中梨1号丰产状

秋季沟施基肥状

打洞插皮腹接20天后
接芽生长状

打洞插皮腹接70天后
接芽生长成枝梢状

黄金梨套袋后锈斑病症状

慈梨木栓斑点病症状

脆冠梨锈斑病症状

梨树腐烂病症状

寒红梨黑星病症状

农作物种植技术管理丛书

怎样提高梨栽培效益

主　编
王　龙

编著者
王　龙　李秀根　杨　健　许建峰

金盾出版社

内 容 提 要

本书由中国农业科学院郑州果树研究所王龙研究员等专家编著。书中介绍了提高梨树栽培效益的重要性及努力方向，并从品种选择、选址建园、土肥水管理、整形修剪、花果管理、病虫害防治、果实处理与贮藏，以及产品营销等方面，一一指出认识误区和存在的问题，相应讲明提高栽培效益的有效技术措施。全书内容丰富，技术实用，通俗易懂，可操作性强。适合果农和园艺技术人员学习使用，也可供农林院校有关专业师生阅读参考。

图书在版编目(CIP)数据

怎样提高梨栽培效益/王龙主编；李秀根等编著. —北京：金盾出版社，2006.9

(农作物种植技术管理丛书)

ISBN 978-7-5082-4188-3

Ⅰ.怎… Ⅱ.①王…②李… Ⅲ.梨-果树园艺 Ⅳ.S661.2

中国版本图书馆 CIP 数据核字(2006)第 085709 号

金盾出版社出版、总发行

北京太平路5号(地铁万寿路站往南)

邮政编码：100036 电话：68214039 83219215

传真：68276683 网址：www.jdcbs.cn

彩色印刷：北京印刷一厂

黑白印刷：北京蓝迪彩色印务有限公司

装订：北京蓝迪彩色印务有限公司

各地新华书店经销

开本：787×1092 1/32 印张：6 彩页：4 字数：128千字

2009年6月第1版第4次印刷

印数：26001—37000册 定价：9.00元

前　言

我国是世界梨生产第一大国，梨的栽培面积和产量均居世界首位。发展梨生产已成为我国广大梨产区农民增收、农业增效、农村经济持续发展的重要途径。但是，目前我国梨产区普遍存在着梨果品种落后、品质低下、生产技术落后、产品滞销和生产经营思路不正确等导致经济效益不高的问题。

本书开篇介绍了经济效益的含义及其重要性和国内外梨果生产现状，并概括了提高梨果生产效益需要努力的方向。在以后的章节里，一一提出品种选择、建立果园、土肥水管理、整形修剪、花果管理、病虫害防治、采后处理和贮藏保鲜等梨果生产和商品化处理过程中的认识误区和存在问题，并阐述了解决问题，提高效益的办法。在最后一章里，介绍了梨产品营销和国际市场开发策略，指出我国梨果出口贸易存在问题，提出了市场调查和预测的方法。

希望本书的问世，能为梨果生产者指明获得更高生产效益的努力方向，使生产者在生产和销售过程中少走弯路，能够尽快地得到较高的经济效益。

因时间仓促，加之我们水平有限，书中错误之处在所难免，敬请读者批评指正。

编 著 者

2006 年 7 月于河南郑州

目　　录

第一章　概　述……………………………………………………… (1)
一、提高梨栽培效益的含义及重要性 ………………… (1)
（一）含义…………………………………………………… (1)
（二）重要性………………………………………………… (1)
二、目前国内外梨生产的基本概况 …………………… (2)
（一）国内梨生产概况…………………………………… (2)
（二）国外梨生产概况…………………………………… (3)
三、提高梨果生产效益的努力方向 …………………… (5)
（一）搞好区划，进行规模化生产 ……………………… (5)
（二）依据市场需求，调整品种结构 …………………… (5)
（三）依靠科技，提高果品质量，创造优质果品名牌
………………………………………………………… (6)
（四）大力发展果品加工业……………………………… (7)
第二章　品种选择…………………………………………… (8)
一、梨品种选择的认识误区和存在问题 ……………… (8)
（一）认识误区…………………………………………… (8)
（二）存在问题…………………………………………… (9)
二、梨的主要栽培种类………………………………… (10)
1. 秋子梨 ……………………………………………… (10)
2. 白梨 ………………………………………………… (11)
3. 砂梨 ………………………………………………… (11)
4. 新疆梨 ……………………………………………… (12)
5. 西洋梨 ……………………………………………… (12)
三、梨的新优品种……………………………………… (13)

(一)中国梨新优品种 …………………………………… (13)
1. 七月酥 ………………………………………………… (13)
2. 早美酥 ………………………………………………… (14)
3. 华酥梨 ………………………………………………… (14)
4. 中梨一号 ……………………………………………… (15)
5. 红太阳 ………………………………………………… (16)
6. 西子绿 ………………………………………………… (17)
7. 翠冠 …………………………………………………… (18)
8. 黄冠 …………………………………………………… (18)
9. 美人酥 ………………………………………………… (19)
10. 红酥脆 ……………………………………………… (20)
11. 满天红 ……………………………………………… (20)
12. 红香酥 ……………………………………………… (21)
13. 中梨三号 …………………………………………… (22)
(二)日韩梨新优品种 …………………………………… (23)
1. 金廿世纪 ……………………………………………… (23)
2. 新高 …………………………………………………… (23)
3. 爱宕 …………………………………………………… (24)
4. 黄金梨 ………………………………………………… (24)
5. 圆黄 …………………………………………………… (25)
6. 秋黄 …………………………………………………… (25)
7. 华山梨 ………………………………………………… (25)
(三)西洋梨品种 ………………………………………… (26)
1. 日面红 ………………………………………………… (26)
2. 红茄梨 ………………………………………………… (27)
3. 红巴梨 ………………………………………………… (27)
4. 红考密斯 ……………………………………………… (28)

5. 红安久 ………………………………………………… (28)
6. 粉酪 ……………………………………………………… (29)
四、选择栽培品种的原则……………………………………… (30)
(一)适应当地栽培条件 ………………………………… (30)
(二)符合市场需求 ……………………………………… (30)
(三)合理的品种搭配 …………………………………… (31)
第三章　园地选择与建园 ……………………………… (32)
一、认识误区和存在问题…………………………………… (32)
二、园地的选择……………………………………………… (32)
(一)土壤条件 …………………………………………… (32)
(二)气候条件 …………………………………………… (33)
(三)光照条件 …………………………………………… (34)
(四)水分条件 …………………………………………… (34)
三、园地规划与设计………………………………………… (34)
(一)小区的划分 ………………………………………… (35)
(二)道路的规划 ………………………………………… (35)
(三)辅助建筑物的设置 ………………………………… (35)
(四)灌排系统的设计 …………………………………… (36)
(五)防护林的安排 ……………………………………… (36)
四、主栽品种的选择和授粉树的配置……………………… (37)
(一)主栽品种的选择 …………………………………… (37)
(二)授粉树的配置 ……………………………………… (38)
五、栽植技术………………………………………………… (40)
(一)栽植密度 …………………………………………… (40)
(二)栽植方式 …………………………………………… (41)
(三)栽植行向 …………………………………………… (41)
(四)挖定植穴(沟) ……………………………………… (42)

（五）苗木准备 …………………………………（43）
（六）栽植时期 …………………………………（43）
（七）栽植方法 …………………………………（43）
六、栽植后的管理…………………………………（44）
（一）定干 ………………………………………（44）
（二）去萌蘖 ……………………………………（44）
（三）及时补水保墒 ……………………………（44）
（四）缺苗补栽 …………………………………（44）
（五）树盘管理与追肥 …………………………（44）
（六）防治病虫害及叶面喷肥 …………………（45）
（七）保证幼树安全过冬 ………………………（45）
第四章　土肥水的管理 ……………………………（46）
一、认识误区和存在问题…………………………（46）
二、土壤管理………………………………………（47）
（一）清耕法 ……………………………………（47）
（二）免耕法 ……………………………………（47）
（三）覆盖法 ……………………………………（48）
（四）生草法 ……………………………………（48）
（五）间作法 ……………………………………（49）
三、科学施肥………………………………………（49）
（一）梨树不同生长周期的需肥规律及科学施肥……（49）
（二）梨树不同物候期的需肥规律及科学施肥 ……（50）
（三）根据树势和树相科学施肥 ………………（54）
四、科学灌溉………………………………………（56）
（一）合理灌水 …………………………………（57）
（二）及时排水 …………………………………（59）
（三）旱地水分调控 ……………………………（59）

第五章 整形修剪 …………………………………………… (61)
一、认识误区和存在问题……………………………………… (61)
(一)对整形和修剪的关系认识不清 ……………………… (61)
(二)只重视冬季修剪,轻视夏季修剪……………………… (61)
(三)过于拘泥形式 ………………………………………… (62)
(四)没有认识到整形修剪的局限性 ……………………… (62)
二、整形修剪的操作…………………………………………… (62)
(一)整形修剪的作用和意义 ……………………………… (62)
(二)整形修剪的原则 ……………………………………… (66)
(三)整形修剪的时期与方法 ……………………………… (68)
(四)不同树龄梨树的修剪技术 …………………………… (82)
(五)常用树形的结构及整形技术 ………………………… (87)
第六章 花果管理 …………………………………………… (93)
一、认识误区和存在问题……………………………………… (93)
二、花果管理技术……………………………………………… (94)
(一)人工辅助授粉 ………………………………………… (94)
(二)疏花疏果技术 ………………………………………… (97)
(三)果实套袋技术………………………………………… (100)
(四)花期霜冻的预防措施………………………………… (103)
(五)梨果锈斑的防治措施………………………………… (104)
第七章 病虫害防治………………………………………… (106)
一、认识误区和存在问题 …………………………………… (106)
二、病虫害的综合防治技术 ………………………………… (106)
(一)利用自然因素控制病虫害…………………………… (107)
(二)植物检疫……………………………………………… (108)
(三)农业防治……………………………………………… (108)
(四)生物防治……………………………………………… (110)

(五)物理机械防治…………………………………………(113)
(六)化学防治……………………………………………(114)
(七)梨树病虫害综合防治年历…………………………(118)
(八)石硫合剂和波尔多液的配制与使用………………(119)
三、梨树病害防治 ………………………………………(122)
(一)梨黑星病……………………………………………(122)
(二)梨锈病………………………………………………(124)
(三)梨轮纹病……………………………………………(125)
(四)褐斑病………………………………………………(126)
(五)梨树腐烂病…………………………………………(127)
(六)梨黑斑病……………………………………………(129)
四、梨树害虫防治 ………………………………………(130)
(一)梨大食心虫…………………………………………(130)
(二)梨小食心虫…………………………………………(132)
(三)梨黄粉虫……………………………………………(133)
(四)梨二叉蚜……………………………………………(134)
(五)梨木虱………………………………………………(135)
第八章　采后处理和贮藏保鲜……………………………(137)
一、认识误区和存在问题 ………………………………(137)
(一)商品意识薄弱………………………………………(137)
(二)商品化处理能力不够………………………………(137)
(三)包装和运输难以满足实际需要……………………(137)
(四)没有适合我国国情的梨果采后商品化处理
技术和设备……………………………………(138)
(五)梨园规模小…………………………………………(138)
(六)梨园条件差…………………………………………(138)
二、梨果的采后处理 ……………………………………(139)

(一)果品采后商品化处理的主要特点……………（139）
(二)果品采后处理……………………………（140）
三、梨果的适时采收和贮藏保鲜 ………………（143）
(一)采收前的准备……………………………（143）
(二)梨果的成熟标准和适期采收………………（144）
(三)梨果的贮藏保鲜…………………………（146）
第九章　产品营销……………………………（157）
一、梨果的营销 ………………………………（157）
(一)促销在梨果销售中的作用………………（157）
(二)促销方式…………………………………（158）
二、梨果国际市场的开发策略 …………………（165）
(一)加强宣传力度……………………………（165）
(二)价格保护有利于保护市场………………（166）
(三)质量严格如一可产生品牌效应……………（166）
(四)迎合消费者口味…………………………（166）
(五)开辟国外流通渠道………………………（167）
三、解决我国梨果出口贸易存在的问题 ………（167）
(一)提高梨果质量……………………………（167）
(二)解决贮运问题……………………………（168）
(三)树立出口商品的信誉……………………（168）
(四)强化生产与外销的联系…………………（169）
(五)加强对外宣传……………………………（169）
(六)掌握国外市场动态………………………（169）
四、梨果市场的调查与预测 ……………………（170）
(一)信息的作用、特征与分类 ………………（170）
(二)梨果市场信息调查………………………（173）
(三)梨果市场的预测…………………………（173）

第一章 概 述

一、提高梨栽培效益的含义及重要性

（一）含 义

提高梨树栽培经济效益，就是要以尽量少的劳动消耗和物质消耗，生产出更多符合市场需要的梨产品。从这个含义中，我们很清楚地看到有两个方面的要求：第一，力求让现有的劳动力和生产资料充分发挥作用，生产出更多的梨果，不能用巨大的代价来生产少量的梨果。第二，生产必须严格按照水果市场现实需要来安排和进行，生产适销对路的梨产品，不能生产大批无人需要的滞销产品。

（二）重要性

提高经济效益，首先要依靠科学技术进步。科学技术是第一生产力。这就要求生产者不断学习先进的生产技术，不断改进生产工具，提高劳动效率。其次，生产者要利用先进的生产技术，不断降低对能源的消耗，包括水、电和农药等。

只有提高经济效益，才能降低成本，在相同的投入下获得更大的收益。

只有提高经济效益，才能完成从粗放的经营管理，向集约化经营的转变，做到可持续发展。可持续发展，就是指经济、社会、资源和环境保护协调发展。它们是一个密不可分的系统，既要达到发展经济的目的，又要保护好人类赖以生存的大气、淡水、海洋、土地和森林等自然资源和环境，使子孙后代能够永续发展和安居乐业。提高经济效益的目的，不只是为了多赚钱，还要求做到降低能源消耗，保护环境；不光是为了目前的经济利益，还要考虑到子孙后代的生存和发展。

二、目前国内外梨生产的基本概况

（一）国内梨生产概况

梨是我国栽培的重要果树之一，其栽培面积和产量仅次于苹果和柑橘，处于第三位。据联合国粮农组织统计，2005年我国有梨树栽培面积120.8万公顷，年产梨量为1162.5万吨，均居世界首位。但我国梨园大部分广种薄收，管理粗放，特别是在交通闭塞和西部偏僻的山区，由于受经济、技术落后等因素的影响，使得多数果园不能正常结果或单产低，每公顷产量仅9.62吨，低于世界每公顷产量的平均水平11.21吨，差距十分悬殊。

从我国梨栽培品种上看，主要有：砀山酥、鸭梨、雪花梨、库尔勒香梨、金花梨、黄花梨、苹果梨、长把梨、秋白梨、仓溪雪梨、南国梨和早酥梨等。其中晚熟梨所占比例过大，仅砀山酥和鸭梨即占全国梨总面积的57%以上，且成熟期一致。当梨果成熟上市时，就造成一种“千军万马过独木桥”的市场竞争局面，导致晚熟梨价格低，卖果难。而7～8月份成熟的早熟梨品种，如红太阳、中梨1号、早美酥、中梨2号、脆冠和黄冠，以及从日本引进的丰水梨、从韩国引进的黄金梨等，近几年来售价一直很高，一般是晚熟品种的3～5倍。在一些果区受到价格因素影响，虽然对品种结构作了一定调整，但进程缓慢，相当多的栽培者仍在观望等待。

从梨的栽培技术来看，多数梨产区仍沿用传统的高产、稳产栽培技术，导致产量偏高、质量下降。特别是生产上忽视梨园的地下管理，重视化肥而轻视有机肥，使本来并不肥沃的土壤更加贫瘠，有机质含量低，失去生产优质梨果的根本条件。农药使用不合理，导致果实中有害物质含量超过限量的标准，商品检测不合格，因而无法进入国内超市和国际市场。

从果实采后商品化处理来看，由于受我国现行的一家一户的生产体制和经济条件的制约，在果品上市前，缺乏商品化处理的意识，很少采用漂洗、分级、打蜡和包装等技术。大多数果实混级贮运，自产自销，果实品质差异较大，只有样品，缺乏商品，难以适应市场果品竞争的需要。

从果品加工来看，虽然近几年我国山东、河北、安徽和新疆等地，已开始梨果加工，发展也较快。但当前我国梨果加工业还非常落后，加工用梨果还不到总产量的1%。而西方发达国家，如美国和意大利等，约有40%的鲜果用于加工。

（二）国外梨生产概况

在梨树生产中，分布在世界各国的梨可概括为东方梨和西洋梨两大类。国外除日本、韩国栽培东方梨之外，西洋梨是欧美国家的主要栽培种类。据联合国粮农组织统计，2004年全球梨果总产量为1 468.2万吨，总贸易量为393.7万吨，贸易额约163.9亿美元。

在梨树生产中，世界各地均向早果、丰产、优质、矮化密植、良种化、机械化、集约化方向发展，并强调区域化和标准化，以充分利用自然资源和经济资源，发挥品种优势，形成高产、优质、低成本的产业化经营模式。

国外梨的矮化栽培发展很快。以法国为最早，德国为最快，已全部为矮化栽培，美国、意大利、英国、波兰、丹麦和俄罗斯等国都在发展。目前，以 Angers 中选出的 EMA 为最广泛应用的矮化砧木。美国以 OH×F(故园×法明德尔)无性系的 9，51，333，267 和 217 等矮化、半矮化砧木应用最广。一般以 Beurre、Hardy、old Home 及 Cure 等为中间砧。日本和韩国等国家在梨树的栽培方式上，多采用水平棚架栽培，这样不仅能有效地抵御台风，而且有利于果实套袋、植保和除草等管理。

在梨树整枝方面，多数国家采用的密度为每 667 平方米 42～100 株，以树篱形和篱壁形为主，部分采用丛状纺锤形和改良杯状形。篱形梨树产量较高，意大利的树篱形梨树栽培，其 667 平方米产量在 1969 年最高达到 7133 千克。在施肥方面，各国都根据叶分析、土壤分析来确定施肥种类和数量。一般认为，丰产梨树的叶片中以含氮 2.0% ～ 2.5%，磷 0.15%～0.3%，钾 1.2%～1.6%为宜。日本在对梨树进行产前产后叶分析和土壤分析的基础上，根据一株梨树的果实生产量，和从土壤中所消耗的氮、磷、钾数量，生产出符合各种品种需要的配方肥料，使梨树施肥更加科学合理。

生长调节剂的应用，促进了梨树生产的发展。它主要被用于疏花疏果、增加坐果、抑制生长、促进花芽分化和果实成熟等方面。法国研究者，在梨树现蕾前一周，由树干抽取树液，分析其氮、磷、钾、钙及糖类的含量，提出应以此作为修剪及疏花疏果的依据。

气调贮藏的迅速发展，延长了果品的贮藏时间，做到了季产年销，从而改变了品种上的组合，由品种繁多的栽培，逐渐集中为少数优良品种的栽培。目前正在研究适宜贮藏的优良果品的采收时间，气调贮藏过程中气体成分的自动调节，保证果品久贮质量等问题。

三、提高梨果生产效益的努力方向

（一）搞好区划，进行规模化生产

梨树为多年生植物，一年种植多年收益。但品种不对路，就会造成严重损失。做好品种区划具有非常重要的战略意义。应遵循因地制宜、适地适树、量力而行、扬长避短、适当集中的原则，尽量做到科学规划，合理布局。不同生态栽培区，应具有自己特色的优良品种作为主栽品种，实施名牌战略。

商品生产只有达到适度的规模，才能实现资源与劳动力的合理配置，获得最佳经济效益。因此，在梨树生产中，应尽可能集中连片，达到适度规模，造就一批梨树生产的专业户、专业村或专业乡镇，建立大型商品化生产基地。这样，不仅有利于新技术、新品种的普及，有利于果品质量的提高，而且有利于创立名牌，集中远运，扩大销售和出口。还可引进外资，建立大型合资或独资商品化基地。

（二）依据市场需求，调整品种结构

发展包括梨树在内的果树生产，品种占有着极其重要的地位，产量的高低，品质的好坏，市场竞争力的强弱，品种本身都起决定性的作用。从我国目前梨树栽培品种来看，品种老化，结构不合理，改良和发展新品种已是当务之急。在品种结构的调整上，应根据社会的需要、市场要求和当地的实际情

况，正确评价生产上现有品种的特点和市场优势。每个不同的生态栽培区，应选择 2～3 个具有特色的优良品种作为主栽品种，做到早、中、晚熟品种合理搭配，以便拉长鲜果供应期，又有利于市场销售。一般早、中、晚熟品种的比例为25：25：50。另外，由于早熟品种不耐贮运，城市近郊可适当多发展早熟梨，而远离城市、交通不便的地区，可适当多发展适宜本地区栽培的耐贮运的晚熟梨。同时，应进行老残果园淘汰更新和劣质果园品种改良。

（三）依靠科技，提高果品质量，创造优质果品名牌

目前，我国优质果只占水果总产量的 30%左右，其中大约只有 5%为高档优质果，可供出口的更是寥寥无几。在国际水果市场上，我国梨果的出口价格仅是日本梨的 1/6 左右。由此可见，抓好梨果质量、创造优质名牌的重要性。

果树生产，技术含量较高，要实现果品的优质名牌化，必须加大科技的推广力度。首先，要努力培养高素质果业人才，引入、消化新品种和新技术，推动科技成果转化，利用多种形式进行技术培训，普及新技术，提高果农的整体素质。其次，要建立一大批高技术示范园，全面实施优质果品的规范化技术，把果农看得见、摸得着、学得会的实用技术组装配套，大力推广。如良种繁育、高接换种、整形修剪、疏花疏果、改良土壤、配方施肥、节水灌溉、果实套袋、病虫防治和采后商品化处理等，通过示范带头作用，以点带面，把新品种、新技术推广到广大果园中去。然后，制定严格的质量标准，做好分级、包装和商标注册等工作，加大宣传力度，给消费者一个鲜明清晰的良好形象。

(四)大力发展果品加工业

梨果的加工,是拉长产业链、增加产品附加值,提高综合产值的关键。梨果加工业的开发,具有广阔的发展空间。对于罐头和果汁制品,要加强原料基地的建设,生产相应的加工品种;对于果脯、蜜饯等制品,如能更新设备,提高工艺,加强包装设计,就能在国际市场上占有一席之地。根据梨果汁具有止咳、化痰和润肺等药用效果的特点,还可进行医疗保健梨产品的开发。果实加工能满足人们对梨果的不同需求,是实现梨果增值和扩大销路的重要途径。

第二章　品种选择

一、梨品种选择的认识误区和存在问题

（一）认识误区

1. 认为所有新品种都好于以前的栽培品种

很多生产者认为，新品种总会好于以前的品种，因而都想抢先栽培新优品种，在市场上少有这些品种的情况下获得高的收入。他们在栽培管理上很少下功夫，结果在新品种面积增加后效益下降很快，便又急于更换新品种。这些栽培者品种更换过于频繁，形不成稳定的市场和消费群，也就没有稳定的效益。

品种的好坏取决于很多方面，但最终决定于市场需求，人们喜欢的品种就是好品种。所以，生产者在选择品种时，首先要考虑自己的经营目标，决定自己的销售范围，即是瞄准国际市场还是国内市场，或者就是自己所在的地区。确定果品的销售范围以后，再根据目标消费者的消费习惯选择品种。其次，要考虑到当地的气候条件和土壤条件，所选品种应该适合当地的气候和土壤。

2. 以为栽培效益下降全是栽培品种过时所致

一个品种的过时，是因为消费者的要求不断提高或者是消费习惯的改变所导致。比如说有一个品种，在培育这个品种的时期，由于栽培面积很小而供不应求，所以育种者首先考

虑丰产性，而内在品质就差些。随着人们的生活水平的提高和栽培面积的扩大，人们就不只是想吃上这种水果，而是要吃上好水果，但这个品种的内在品质很差，满足不了消费者的新要求，所以这个品种就过时了。

因此，生产者在一种生产水果效益下降时，首先要考虑市场需求，市场需要高档果品，而你生产的却是低劣果品，就算你正确选择了品种，效益也不会高。其次要考虑自己的栽培技术是否到位，是否使栽培品种达到了其最佳品质。一个品种要达到最佳品质需要很多条件，不仅栽培技术要到位，采收期要适当，还要达到一定的结果年限等。

总之，栽培效益下降的原因很多，不要只考虑到品种是否过时的问题，还要考虑到其他的有关方面。

3. 觉得国外品种都好于国内品种

由于历史的原因，我国的经济不如欧、美国家和日本、韩国等国的经济发达。直至今日，好多国人还认为国外的月亮圆，在梨品种问题上同样如此。其实，在梨资源上，中国是世界上最丰富的国家。从品种综合性状考虑，国内好多品种要优于国外品种。再者，即使国外某些品种很好，也不要盲目去发展，因为它毕竟是国外培育的品种，在气候和土壤适应性上不一定适应我国的条件。因此，在选择刚刚从国外引进的品种时要慎重；而对于在国内已经试栽成功的品种，则可放心发展，但也要根据当地的生态条件选择适宜的引进品种。

（二）存在问题

生产者在选择品种时，往往只考虑新、特、优、适应性、市场需求等某一个或某一些方面，不能全面考虑。因此，导致了很多问题的发生。第一，由于所引品种不适应当地的气候条件，不能良好生长，在花果管理上即使投入过多的精力，也不能生产出高档果品。比如黄金梨，这个品种在多雨的地区果锈很严重，即使套袋也不能很好地解决。所以，在南方多雨地区栽培这个品种就并不合适。第二，所引品种不适合市场需求。市场对于风味甜的梨果需求量很大，对于风味酸和涩的果实则需求量很小。目前，有好多生产者为了追求梨品种的新与特，没有考虑到市场的需求，结果所生产的梨果没有市场。比如新西兰红梨中的满天红、红酥脆和美人酥这几个品种，在特定的区域表现很好，果皮红色鲜亮，着色面积大，果实带有酸味，是打入国际市场的很好的品种。但是，好多生产者不考虑当地情况盲目引进，由于大部分生产者都是个体一家一户经营，只能针对国内和当地市场，而国内都是喜欢风味甜的品种，这几个品种都带有酸味，最后导致所生产出的梨果销售不出去。

还有生产者贪图苗木价格便宜或不想多跑远路，在购买苗木时，不是从信誉较高的科研单位购买，而是就近图省事，结果导致所购买的苗木品种，不是自己想要的品种，有的甚至品种混杂，其中大多数是低劣品种。直到梨树结果时才能认出来，因而给生产者带来很大的损失。

二、梨的主要栽培种类

1. 秋子梨

秋子梨，主要分布在我国东北地区，华北和西北各省也有少量分布。它的主要特征是：分枝较密，老枝多为黄灰色或黄褐色。叶片边缘有带刺芒的尖锐锯齿。花柱基部具有疏柔毛。果实多球形或扁圆形，果梗较短，萼片宿存而多外卷。有心室 5 个。

秋子梨抗寒力强，可耐 $-45℃$ 的低温，且耐旱，耐瘠薄。果实个小，一般品质较差，但亦有一些优良品种：如京白梨、南果梨和小香水等，多数品种需经后熟方可食用。

2. 白　梨

白梨，主要分布在华北各省，西北地区，辽宁和淮河流域也有少量栽培，是我国栽培梨中分布较广、数量最多、品质最好的种类。主要特征是：二年生枝多为褐色或茶褐色。幼叶紫红或淡红绿色。叶缘有尖锐锯齿，齿芒内拢。果实多为倒卵形或圆形，黄色或绿色。果梗长，萼片脱落或残存。心室 4～5 个。

白梨性喜干燥冷凉气候。抗寒力较砂梨和西洋梨强，但不如秋子梨和新疆梨。果实质脆汁多，石细胞少，不需后熟即可食用。著名品种有鸭梨、茌梨和酥梨等。

3. 砂　梨

我国目前生产上栽培的砂梨，有中国砂梨和日本砂梨两类。

(1)中国砂梨类　主要分布在长江流域以南及淮河流域一带，华北及东北地区也有少量栽培。主要特征是：分枝较稀疏，枝条粗壮直立，多褐色或暗绿褐色。叶片先端长尖，基部圆形或近圆形，叶缘刺芒微向内拢。花柱光滑无毛。果实多圆形或卵圆形，果皮多褐色，少数黄褐色。萼片一般脱落，少数宿存。心室 4～5 个。肉质硬脆多汁，石细胞较多，果实不需后熟即可食用。

该类群性喜温暖湿润气候，抗寒力较其他主要栽培种类差。主要品种有苍溪雪梨、宝珠梨、黄花梨和紫酥梨等。

(2)日本砂梨类　主要分布在日本的鸟取、福岛、千叶和长野等中部地区。我国长江中下游地区近几年引种发展较多。日本砂梨多数发枝力弱，枝类少，树冠稀疏，但萌芽力强，芽较早熟，容易成花。短果枝结果多，并能连续结果，且幼树结果早，产量高，适合密植栽培。

该类群多数品种叶片厚而大，颜色深，对营养积累和花芽形成有较好的作用。果肉脆嫩，质细味甜，汁多，品质较好，目前在我国香港市场上享有很高的声誉。

日本梨的主要代表品种，有新水、幸水、丰水、廿世纪、新世纪、长十郎、新高和晚三吉等。

4. 新 疆 梨

新疆梨，分布于我国新疆和甘肃河西走廊一带。主要特征是植株高达 6～9 米，小枝紫褐色，具白色皮孔。芽卵圆形、急尖。叶片卵圆形、椭圆形至阔卵形，先端短渐尖，基部圆形，少广楔形，边缘上半部具细锐锯齿，下半部近于全缘或浅锯齿。果实卵圆形或倒卵圆形，萼片直立宿存，5 心室，果心大，石细胞多。本种果形近似西洋梨，惟果梗特长而叶片具细锐锯齿为其特点。如新疆的阿木特，甘肃的花长把等。

5. 西 洋 梨

西洋梨种的自然分布区甚广，整个欧洲都有分布。在我国栽培面积较小，山东省烟台和辽宁省旅大地区有集中栽培。其主要特征是：枝条直立性强，树冠广圆锥形，亦有少数品种枝软易下垂开张。枝条灰黄色或紫褐色，嫩枝光滑无毛。叶片较小，叶缘为圆钝齿或锯齿不明显。果实多为瓢形，少数圆形，黄色或绿黄色；果梗短粗，萼片宿存而多内卷。果实多需经后熟方可食用，后熟后肉质细软，石细胞少，易溶于口，常具芳香。多不耐贮藏和不便运输。该类抗寒力弱，易感腐烂病等。主要代表品种有巴梨、三季梨、伏茄梨和孔德梨等。

三、梨的新优品种

（一）中国梨新优品种

1. 七月酥

由中国农业科学院郑州果树研究所于1980年，用幸水梨×早酥梨作亲本培育而成，1999年通过安徽省品种审定委员会审定，是目前中国梨成熟期最早、品质最好的优良新品种之一。

该品种树势较强，树姿直立。成枝力弱，萌芽力中等。在郑州地区气候条件下，花芽4月3～5日萌动，初花期为4月12～13日，盛花期为4月14～16日，末花期为4月18～22日。果实于7月上旬成熟，发育期75天左右。以短果枝结果为主，中、长果枝结果者甚少，高接树2年即可结果。

果实大型，整齐，果面洁净，蜡质中多；果皮翠绿色，细薄而光滑，贮后变为金黄色，果点较小而密，分布均匀。平均单果重220克，最大单果重510克。果实卵圆形，果形指数为1.06；果梗长3.5厘米，粗3.1毫米，梗洼浅、中广。萼洼中深、中广，萼片残存。果肉白色，质细而松脆，石细胞少，汁多，味酸甜可口，可溶性固形物含量为12%～14%，品质上等。果心中等大小，心室5～6个。货架期为15天左右。

适应性强，优良性状稳定，结果早，一般3年开始结果。丰产，10年生树株产量为50千克，且坐果性能良好，花序坐果率高达95%以上。生理落果及采前落果均不严重。但易感染早期落叶病和轮纹病。在年降水量800毫米以上的地区不宜大量栽培。

2. 早美酥

由中国农科院郑州果树研究所于1982年，用新世纪×早酥梨为亲本培育的抗病、早熟优良新品种。1999年分别通过河南及安徽两省农作物品种审定委员会审定，2002年通过国家审定。

树姿较直立，冠形圆头形。成枝力弱，萌芽力强。主干灰褐色，表面光滑；一年生枝黄褐色。在郑州地区气候条件下，花芽萌动期为3月10日，初花期为4月7日，盛花期为4月10日，末花期为4月14日，花期6～8天。果实成熟期在7月中旬。新梢停止生长较迟，落叶期为10月中下旬，营养生长期约为210天。

果实大型，平均单果重250克，最大单果重540克。果实近圆或卵圆形，果面光滑，蜡质厚，果点小而密，黄绿色，采后10天变为鲜黄色，无果锈。果梗长3.8厘米，粗0.3厘米，梗洼、萼洼中等深；萼片部分残存，外观美。果心较小，果肉乳白色，肉质细脆，采后半个月肉质松软；果肉细，石细胞少，汁液多，含可溶性固形物11%～12.5%，总糖9.77%，总酸0.22%，每百克鲜果肉含维生素C 5.63毫克。酸甜适度，无香味，品质上等。货架寿命20天，最适食用期限10天。

早美酥性喜深厚肥沃的砂质壤土，红黄壤及碱性土壤也能生长结果，但在潮湿的碱性土壤上果肉有轻微的木栓斑点（缺钙及硼）。抗旱，耐涝，耐高温多湿，与对照品种早酥梨相比，对轮纹病、黑斑病、腐烂病均有较好的抵抗能力。由于成熟早，在正常管理条件下，果实不易受食心虫危害。本品种适宜在长江流域、华南、华北、西北和西南等地区栽培。

3. 华酥梨

由中国农业科学院果树研究所以早酥为母本，八云为父本杂交育成。1977年杂交，1984年开始结果，1999年通过辽宁省农作物品种审定委员会审定并命名。

华酥梨树冠圆锥形，树姿直立。主干表面有片状剥落，枝干光滑，灰褐色。多年生枝光滑，灰褐色，一年生枝黄褐色。果实成熟期在辽宁兴城地区为8月上旬。

果实近圆形，个大，平均单果重200～250克，纵径为6.5～7.2厘米，横径为7～7.9厘米。果皮黄绿色，果面光洁、平滑，有蜡质光泽，无果锈；果点小而中多。果梗长4.5厘米，粗2.7毫米。梗洼深浅与广狭均中等；萼片脱落，偶有宿存，萼洼浅而广。果心小。果肉淡黄白色，酥脆，其硬度去皮后为4.8千克/平方厘米，不去皮时为7.8千克/平方厘米。肉质细，石细胞少，汁液多；含可溶性固形物10%～11%，可滴定酸0.22%，维生素C 1.08毫克/百克鲜果肉。酸甜适度，风味较为浓厚，并略具芳香，品质优良。耐贮性较差，室温下可贮放20～30天，最适食用期限为25天。

4. 中梨一号

由中国农科院郑州果树研究所于1982年，用新世纪×早酥梨为亲本培育而成的耐高温多湿的优良新品种。2003年，通过河南省农作物品种审定委员会审定。

该品种树冠圆头形，幼树树姿直立，成龄树开张，树干浅灰褐色，多年生枝棕褐色，皮细光滑；一年生枝黄褐色。生长势较强，萌芽率高，达68%；成枝力低，为2～3个。在郑州地区，其果实于7月中旬成熟。

果实大型，平均单果重220克，最大单果重450克。近圆形或扁圆形。果面较光滑，果点中大，绿色。在郑州、石家庄和胶东半岛等地无果锈，在成都和苏南等地有少量果锈。果梗长3.8厘米、粗3毫米，梗洼、萼洼中等；萼片脱落，果形正，外观美。果心中等。果肉乳白色，肉质细脆，石细胞少，汁液多。含可溶性固形物12%～13.5%，总糖9.67%，可滴定酸0.085%，维生素C 3.85毫克/百克鲜果肉。风味甘甜可口，有香味，品质极上等。货架寿命20天，冷藏条件下可贮藏2～3个月。

该品种性喜深厚肥沃的砂质壤土，在红黄壤、棕黏壤及碱性土壤上也能正常生长结果，而且抗旱，耐涝，耐瘠薄。与对照品种"早酥"梨相比，对轮纹病、黑星病、干腐病均有较强的抵抗能力。特别是在四川省高温多湿气候条件下，表现出生长旺盛、早果、丰产和品质优良等特性。因此，该品种可作为一个优良早熟梨新品种，在长江流域及其以南地区栽培发展。但该品种在前期干旱少雨、果实膨大期多雨的年份，有轻微的裂果现象发生。

中梨一号作为早熟梨新品种，其外观美丽，品质优良，丰产抗病，适应范围广，与目前我国广泛栽培的早酥梨相比，优点比较突出，这对今后发展我国早熟梨生产，调节市场供应，增强我国梨果在国际市场的竞争力，具有良好的作用。若在我国中西部地区、长江流域、云贵高原地区，建立一定规模的商品梨园，可能获得可观的经济效益，发展前景良好。

5. 红太阳

系中国农业科学院郑州果树研究所最新选育的红皮梨新品种。

该品种树冠阔圆锥形，树势中庸偏强，枝条较细弱。六年生株高3.5米，冠径东西方向为3.0米，南北方向也为3.0米；干周40厘米。新梢当年生长量为88厘米；节间长4.5厘米。嫩枝红褐色，多年生枝红褐色；皮孔较小。叶芽细圆锥形，花芽卵圆形。每个花序有花朵数6～8个。花冠粉红色，花瓣白色。种子中等大小，卵圆形，棕褐色。

株型普遍高大，生长势中庸偏强。萌芽率高，为78%，成枝力较强，为3～4个。结果早，一般嫁接苗定植3年即开始结果。以短果枝结果为主，中、长果枝亦能结果。短果枝连续结果能力很强，一般可连续结果3年以上。果台副梢抽生能力亦强，每个果台一般可抽生1～2个。花序坐果率高达67%，花朵坐果率为26%。无采前落果现象，丰产稳产。

在郑州地区，红太阳梨的花芽萌动期在3月8日前后，叶芽萌动期为3月20日，初花期通常为4月6日，盛花期为4月11日，落花期为4月15日左右。果实于7月底成熟，发育期110天左右。

平均单果重200克，最大单果重350克。果实卵圆形，外观鲜红亮丽。肉质细脆，石细胞较少，汁多。果心较小，5心室，种子7～10粒。香甜适口，含可溶性固形物12.4%，总糖9.37%，总酸0.104%，维生素C含量6.592毫克/100克鲜果肉，品质上等。果实常温下可贮藏10～15天，冷藏条件下可贮3～4个月。

该品种性喜深厚肥沃的砂质壤土，在红黄酸性土壤及潮湿的草甸土、碱性土壤亦能生长结果，尤其在黄河故道地区果实不仅品质好，而且着色艳。试验表明，红太阳不仅抗旱，而且耐涝能力较强。在抗病性方面，它在各地均无明显病害发生，尤其抗黑星病能力强。

6. 西子绿

西子绿的亲本为[新世纪×(八云×杭青)]，系浙江农业大学园艺系育成的新品种，于1996年定名并推广。

该品种树姿开张，生长势中庸，萌芽率和成枝力中等，以中、短果枝结果为主。

果实扁圆形，果形端正，似苹果，平均单果重200～300

克。果皮浅绿色，充分成熟后为金黄色。果皮光滑，清洁无锈，果点小而少，外观极佳。果肉白色，肉质细嫩，汁多味甜，含可溶性固形物12%，品质优良。果实在杭州地区于7月中旬成熟，为目前梨树栽培中优良早熟新品种之一。

该品种抗性中等。它在高温多湿地区易感染胴枯病，故栽培时宜加强肥水管理，增强树势。由于它以中、短果枝结果为主，因而在修剪时切莫将中果枝当作营养枝剪掉，以免影响来年产量。同时，幼年树须拉枝、轻剪长放，促进花芽形成，提早结果。

7. 翠　冠

翠冠的亲本为[幸水×(杭青×新世纪)]，系浙江省农业科学院园艺研究所育成的新品种。

树势强健，树姿较直立，丰产。嫩枝绿色，顶部多茸毛；成熟枝褐色，顶芽突出明显，酷似新世纪。叶片长椭圆形，深绿色，大而肥厚。

该品种果实近圆形，中大，平均单果重230克。果皮细薄，黄绿色，有少量锈斑。果肉白色，肉质细嫩松脆，汁多味甜，果心较小，含可溶性固形物12%左右。在杭州地区，其初花期为4月上旬，果实于7月下旬至8月上旬成熟。其授粉品种为新雅和新世纪等。

8. 黄　冠

黄冠是河北省农林科学院石家庄果树研究所，于1977年以雪花梨为母本、新世纪为父本杂交培育而成。1996年8月，通过农业部鉴定，并于1997年5月通过河北省林木良种审定委员会审定。

果实椭圆形，个大，平均单果重235克，最大单果重360克。果面光洁，果点小、中密。外观酷似金冠苹果。果心小，果肉洁白，肉质细腻，松脆，石细胞及残渣少。风味酸甜适口，并具浓郁香味。含可溶性固形物为11.4%，总糖、总酸及维生素C含量分别为9.38%，0.20%和2.8毫克/百克鲜果肉。品质上等。在郑州地区，果实于8月15日成熟，在自然条件下可贮藏20天，冷藏条件下可贮至翌年3～4月份。

黄冠梨树冠圆锥形，树姿直立，生长势较强，在一般管理条件下，栽后3年即可结果，以短果枝结果为主。采前落果轻，丰产稳产。对梨黑星病有较高的抵抗能力。是一个发展前景广阔的优良中熟品种。

9. 美人酥

美人酥，由中国农业科学院郑州果树研究所与新西兰皇家园艺与食品研究所共同培育而成。亲本为幸水×火把梨。于1989年进行杂交，1990年在新西兰播种杂种后代，1997年命名并发表。

该品种树冠呈圆头形，树姿半开张；树干呈灰褐色，一年生枝青褐色，其上披较多灰白色茸毛。梨树势中庸，成枝力较强，萌芽率亦强等。以中、短果枝结果为主，腋花芽亦可结果。短果枝寿命较长。幼树定植后3年即可结果。花序坐果率高，易丰产。在郑州地区，该品种花芽萌动期为3月中下旬，叶芽于3月下旬萌动，初花期为4月初，盛花期为4月上中旬，花期为7～8天。8月底或9月初果实成熟，11月中旬落叶。适应性广，抗性较强。

果实中等大，平均单果重220克，最大单果重482克。卵圆形。底色淡绿黄色，阳面着以淡红色。果肉白色，肉质细嫩，松脆，汁多，味酸甜适口，微有涩味，果心较小，石细胞亦少，品质中上等或上等。含可溶性固形物11.8%。常温下果实可贮藏25天左右。

10. 红酥脆

红酥脆，由中国农业科学院郑州果树研究所与新西兰皇家园艺与食品研究所共同培育而成。亲本为幸水×火把梨。1989年杂交，1990年在新西兰播种，1997年命名并发表。

树冠呈圆锥形。树姿直立，树干呈灰色，一年生枝淡棕褐色。树势较强，成枝力中等，萌芽率强。以短果枝结果为主，中长果枝及腋花芽亦可结果。短果枝寿命较长。幼树定植后3年，即可开花结果。在郑州地区，花芽萌动期为3月中旬，叶芽于3月下旬萌动，初花期为4月初，盛花期为4月上中旬，花期7～8天。9月上旬果实成熟，11月中旬落叶。

果实大，平均单果重290克，最大单果重482克。近圆形或圆形，成熟时果实底色暗绿黄，阳面着以红晕。果肉白色，肉质细，酥脆，汁极多。味甜，有淡涩味。果心很小，石细胞亦少，品质中上或上等。含可溶性固形物11.5%。常温下果实可贮藏1个月左右。

11. 满天红

满天红梨由中国农业科学院郑州果树研究所与新西兰皇家园艺与食品研究所共同培育而成。亲本为幸水×火把梨。1989年杂交，1990年在新西兰播种，1997年命名并发表。

树冠呈圆锥形。树姿直立；树干灰色，1年生枝棕褐色。树势强旺，成枝力较弱，萌芽率强。以短果枝结果为主，中长果枝及腋花芽亦可结果。短果枝寿命较长。幼树定植后3年即可开花结果。在郑州地区，满天红花芽萌动期为3月中旬，叶芽3月下旬萌动，初花期为4月初，盛花期为4月上中旬，花期7～8天。9月上旬果实成熟，11月中旬落叶。

果实大，平均单果重290克，最大单果重482克。果实近圆形或扁圆形，成熟时果实底色绿黄，全面着以红晕。果肉淡白色，肉质酥脆，汁极多，味酸甜，有淡涩味，果心很小，石细胞亦少，品质中上或上等。贮藏后风味更浓。可溶性固形物含量为11.6%，果实较耐贮藏。

12. 红 香 酥

红香酥，由中国农业科学院郑州果树研究所于1980年，用库尔勒香梨×鹅梨杂交培育而成。1997年与1998年分别通过河南、山西省农作物品种审定委员会审定。2002年通过国家审定，2003年获得河南省科技进步二等奖。

该品种树冠中大，圆头形，较开张；树势中庸，萌芽力强，成枝力中等。嫩枝黄褐色，老枝棕褐色，皮孔较大而突出。以短果枝结果为主。早果性极强，定植后两年即可结果。丰产稳产，六年生树株产可达50千克。采前落果不明显。高抗黑星病。在郑州地区，其叶芽于3月20日前后萌动，盛花期为4月10～14日，果实于9月上旬成熟。果实发育期约140天，植株生育期约235天。

平均单果重为220克，最大单果重可达489克。果实纺锤形或长卵圆形，果形指数为1.27。部分果实萼端稍突起。果面洁净，光滑，果点量中等，较密，果皮绿黄色，2/3果面鲜红色。果肉白色，肉质致密细脆，石细胞较少，汁多，味香甜，可溶性固形物含量为13.5%，品质为极上等。果实较耐贮运，冷藏条件下可贮藏至翌年3～4月份。果实采后贮藏20天左右，外观更加艳丽。

适应性较强，凡能种植砀山酥梨或库尔勒香梨的地方均可栽培。根据品种区域试验的结果，以我国西北黄土高原、川西、华北及渤海湾地区为最佳种植区。

13. 中梨三号

中梨三号，由中国农业科学院郑州果树研究所，于1980年用“大香水×鸭梨”为亲本，杂交培育而成。

该品种树势较强旺，树姿半开张。树形高大，生长势较强。成枝力中等，萌芽率高。结果早，一般栽种后三年即可结果。以短果枝结果为主，中、长果枝亦能结果，果台枝连续结果能力强。花序坐果率为89%，花朵坐果率为42%。自花不实，需配植授粉树或进行人工辅助授粉方可结实。丰产，大小年不显著。在郑州地区，花芽萌动期为3月8日前后，叶芽萌动期为3月15日，初花期通常在3月18～22日，盛花期为3月20～25日，落花期为3月28日至4月2日。果实于9月底至10月上旬成熟，果实发育期为180天左右。落叶期为11月上旬。

果实大型，平均单果重250克，最大单果重600克。果实为粗颈葫芦或卵圆形，纵径95厘米，横径85厘米，果形指数为1.11。果皮绿黄色，光滑，果点小而稀。果实套袋后外观洁白如玉，甚是漂亮。果柄长4.8厘米，粗2.5毫米。梗洼深狭，萼洼中深广，萼片脱落。果肉乳白色，石细胞极少，汁液多，果心小，肉质细嫩松脆，酸甜爽口味浓。含可溶性固形物12%～13.5%，总糖9.772克/100克鲜果肉，总酸0.194克/100克鲜果肉，维生素C 7.692毫克/100克鲜果肉。综合品质优于砀山酥梨和鸭梨。

抗性较强，与对照品种酥梨和鸭梨相比，高抗黑星病，并且对褐斑病也有较强的抗性，但易受梨木虱危害。该品种适应性广，耐干旱瘠薄。在华北、西北、黄河故道及渤海湾地区的各种土壤皆可种植。尤其在有机质含量高的砂壤土、河滩冲积土栽培品质最佳。

(二)日韩梨新优品种

1. 金廿世纪

系日本果树育种家西田光夫对廿世纪梨辐射诱变后培育的对褐斑病免疫的新品种。

金廿世纪梨的幼树生长势强,结果后长势减弱。树姿略开张,发枝力弱,枝条稀疏、直立。一年生枝条褐色,粗壮,叶片大而厚。以短果枝结果为主,大小年不明显,植株寿命长。

果实近圆形,平均单果重300克左右,丰产性好。果皮淡黄绿色,贮藏后变为淡黄色,有光泽。果肉黄白色,肉质细,石细胞极少,甜味浓,多汁,含可溶性固形物13%左右,品质极优。在郑州地区,其果实于8月中下旬成熟,采后可贮藏60天。

2. 新　高

系日本梨育种家菊池秋雄用天之川×今村秋育成的优质丰产品种。

树势较强健,枝条粗壮。以短果枝和腋花芽结果为主,中果枝也能结果。极易形成花芽,早果性很强,一般栽培当年可结果。丰产性强,因坐果率高而必须进行疏花疏果。抗性强,适应性广。

果实大型,平均单果重410克,最大单果重为1 000克。果实近圆形,果形端正。果皮黄褐色,果面光滑,果点中密。果实套袋后,果皮为淡橘红色,果点不明显。果肉白色,石细胞中等,果实味甜,多汁,含可溶性固形物13%~14.5%,肉质稍粗,较脆,品质上等。该品种采前落果轻,耐贮藏性较强。适当延迟采收,能提高果实含糖量。在郑州地区,其果实于9月中下旬成熟。

3. 爱 宕

系日本以廿世纪×今村秋杂交育成的优良极晚熟品种。

树势健壮，树姿直立。萌芽力强，成枝力中等。容易形成短果枝，以短果枝和腋花芽结果为主，易形成花芽，早果性好，一般栽培当年即可结果。丰产性强，但果实抗风力较差，成熟期如遇大风则易发生采前落果。

果个特大，平均单果重 550 克，最大单果重为 2 100 克。果实略呈扁圆形，果个过大时果形不端正。果皮黄褐色，较薄，果点较小。果肉白色，肉质松脆，石细胞少，味甜多汁，可溶性固形物含量为 13%左右，品质上等。果实耐贮藏性较好，成熟后有类似廿世纪梨的香味。在郑州地区其果实于 10 月中旬成熟。

4. 黄金梨

系韩国品种，以新高×二十世纪杂交育成的中晚熟品种。

树冠小，半开张。幼树生长旺盛，长枝下部二次短枝多。一年生枝粗大，黄褐色。皮孔大而密，浅褐色，凸起，椭圆形或长梭形，甚至长线形。枝条上端，长线形皮孔较明显，枝条生长封顶后，芽基成球状膨大。未停止生长的新梢，其顶端幼叶为黄绿色或绿色，为该品种的主要特征之一。叶片大，淡绿色，长椭圆形，叶尖长。锯齿特大，齿刻深而宽，常为复锯齿，且长针芒，是该品种的又一显著特征，

果实圆形或长圆形。平均单果重 400～500 克，大小比较一致。果面绿色，充分成熟后为金黄色。套袋果绿白色，无果锈，颇美观。果皮薄而细嫩，光洁。果点小，圆形，淡黄褐色。果点锈及果点间锈极少。果肉白色，肉质细嫩，汁多，味甜，酸味小，可溶性固形物含量为 14%～16%。果心小，果肉可食率为 95%左右。果实充分成熟后，香味浓，品质上等。贮藏期为 30 天左右；在冷藏条件下，可达 90 天。

5. 圆　黄

系韩国品种，亲本为早生赤×晚三吉。

树势生长旺盛，树姿半开张，萌芽力强，发枝力中。以短果枝结果为主，花芽容易形成，果台副梢抽枝能力强。抗黑斑病能力强，栽培管理容易，适合华中、华北及长江以南地区发展。在郑州地区，其盛花期为 4 月上旬，果实成熟期为 8 月中旬，果实发育天数约为 120 天。

果实大，平均单果重 380 克，最大单果重 630 克。纵径为 6.9 厘米，横径为 8.7 厘米，果实扁圆形。果皮锈褐色，果点大而多。果心中大，5 心室。果肉黄白，肉质细腻，柔软多汁，味甘甜，石细胞极少，可溶性固形物含量为 12.0%～13.3%，品质上等。不耐贮藏，常温下可贮藏 10 天。

6. 秋　黄

系韩国品种，亲本为今村秋×二十世纪。

树势强，枝条生长旺盛，成枝力中等，发芽力强。结果较早，以短果枝结果为主，腋花芽易形成。较抗黑斑病。在郑州地区，其盛花期为 4 月上旬，果实成熟期为 9 月中下旬，果实发育期约为 175 天。

果实大型，平均单果重 365 克，最大单果重达 590 克。平均纵径为 5.5 厘米，横径为 6.4 厘米，扁圆形。果皮黄褐色，果面粗糙，果点中大，较多。果梗长 3.4 厘米，粗 2.5 毫米；梗洼深广中等。萼片脱落，萼洼深而广。果心中等，5～6 心室。果肉白色，肉质细嫩，多汁，味浓甜，有香气，石细胞少，含可溶性固形物 13%～14.5%，可溶性糖 9.78%，可滴定酸 0.086%，品质极上等。果实贮藏期在常温下为 2 个月。

7. 华山梨

系韩国品种，为丰水×晚三吉杂交育成的中晚熟新品种。

树势中庸，树形开张。萌芽力中等，成枝力较强。成花力强，腋花芽结果能力也强。丰产稳产，抗旱，抗瘠薄。果实成熟期为10月上旬，比新高早7日。

特大果型，平均单果重500克，最大单果重可达800克以上。果实圆形。果皮黄褐色，套袋后变为金黄色。果肉白色，肉质细脆，汁多，石细胞极少，果核小，可食率高，味美可口，品质颇佳。可溶性固形物含量为16%～17%，含糖量为13%。在北京地区，果实于9月上中旬成熟。果实较耐贮运，采后可贮藏120天左右。其耐贮藏性与新高梨相似。

（三）西洋梨品种

1. 日面红

日面红（Flemish Beauty），原产于比利时。

树冠阔圆锥形，树姿开张。主干棕褐色，粗糙，纵裂。树势中庸。芽萌发力强，萌芽率为85.2%，成枝力弱，一般剪口下抽生长枝1～2条。在我国辽宁兴城，4月上中旬花芽萌动，4月下旬至5月上中旬盛花，5月下旬至6月上旬春梢停止生长，8月下旬至9月上旬果实成熟，10月下旬至11月上旬落叶。果实发育天数110天，营养生长日数205天。抗寒性较强，抗旱和抗腐烂病能力亦较强。但采前易落果。

果实大，平均单果重256.7克，粗颈葫芦形。果面绿黄色，阳面有红晕。果皮平滑有光泽，较薄。果梗长2.9厘米，粗3.1毫米。梗洼浅，狭，中缓，沟状。萼片宿存，萼洼浅，中广，中缓。果肉白色，肉质中粗，后熟变软，汁液中多，味甜粉香。含可溶性固形物15.7%，可溶性糖10.55%，可滴定酸0.25%。品质中上等。

2. 红茄梨

红茄梨(Starkrimson),系美国从茄梨中发现的红色芽变品种。

树冠倒圆锥形,树姿直立。主干灰色,光滑。树势较强。芽萌发力较强,萌芽率为63.9%;成枝力弱,一般剪口下抽长枝2～3条。以短果枝结果为主。各类结果枝组比例为:长果枝为12.7%,中果枝为11.3%,短果枝为76.0%。在我国河南郑州,该品种在3月中旬花芽萌动,3月下旬盛花,6月上旬春梢停止生长,8月上旬果实成熟,11月上旬落叶。果实发育天数97天,营养生长天数204天。适应性强,抗寒性较强,但不抗腐烂病。

果实中大,平均单果重131.7克,细颈葫芦形。果面为全面紫红色。果皮平滑有光泽,有的稍有棱起。果点中多,褐紫色。果梗长3.7厘米,粗4.2毫米。梗洼平,基部肉质;萼片宿存,萼洼浅,中广,缓,皱状。果肉乳白色,肉质细脆,后熟后变软。含可溶性固形物12.3%,可溶性糖8.93%,可滴定酸0.24%,品质上等。

3. 红巴梨

红巴梨(Red Bartlett),澳大利亚从巴梨中选出的红色芽变品种。

树冠圆锥形,主干灰色,光滑。树势较强,树姿直立,幼树萌芽率高,成枝力中等。以短果枝结果为主,部分腋花芽和顶花芽亦结果。较丰产,连续结果能力弱。在我国中部地区其花芽于2月底萌动,3月中旬开花,花期为10～15天。果实发育期为140天左右,8月中下旬成熟。适应性较强,喜肥沃砂壤土。抗寒力弱,在－25℃情况下冻害严重。抗病能力亦较弱,尤其易染腐烂病,导致植株寿命短,但抗风、抗黑星病能力较强。

果实葫芦形，平均单果重200克，最大单果重300克。果梗长，梗洼浅而广；萼片残存，萼洼浅。果面底色为绿色，成熟后阳面为鲜红色。蜡质多，果点小而稀。果肉白色，后熟后柔软，细腻多汁，石细胞极少，果心小。含可溶性固形物13.8%，味香甜，品质极上等。果实在常温下可贮藏10天，在冷藏条件下可贮藏2～3个月。

4. 红考密斯

红考密斯(Red Du Comice)，系美国从考密斯中选出的红色芽变品种。

树冠圆头形，树姿较开张，主干棕褐色。植株生长势中庸偏强，半开张。萌芽率高，成枝力强，树冠内枝条较密。成花容易，结果较早；多以短果枝结果为主，坐果率高。大小年现象不明显，丰产稳产。通常于3月中旬开花，花期10天左右。果实成熟期在8月初，发育天数为130天左右。在常温条件下，果实可贮藏15天，冷藏条件下可贮3～4个月。适应能力较强，抗寒能力中等。

果实短葫芦形，平均单果重220克，最大单果重350克；果面全面紫红色，光滑，蜡质较多，有光泽；果点中大，明显。果梗粗短，多斜生，果梗基部膨大为肉质，梗洼浅或无；萼片宿存或残存，萼洼深而广。果皮较厚，果心中大。果肉乳白色，肉质细腻，经后熟柔软多汁，石细胞少，风味酸甜，芳香浓郁，可溶性固形物含量为13%，品质上等。

5. 红安久

红安久(Red D'Anjou)，为美国华盛顿州从安久梨中选出的浓红型芽变品种。

树冠圆锥形，树姿较直立，主干青灰色，光滑。树势中庸或偏弱。萌芽率高，成枝力强；以短果枝和短果枝群结果为主，连续结果能力强；结果较早，丰产，大小年不明显。在山东惠民，该品种在 3 月底花芽萌动，4 月中旬开花，花期 10 天左右。9 月下旬果实成熟，果实发育期约 160 天。红安久品种的果实贮藏性能较好，在常温条件下可贮藏 30 天左右，在冷藏条件下可贮藏 4～6 个月。适应性较强，较抗黑星病，但易染腐烂病。

红安久品种的果实为葫芦形。平均单果重 230 克，最大单果重 500 克。果皮全面紫红色，果面光滑，具蜡质光泽，果点小而明显，中多。梗洼浅狭，萼洼浅具皱褶，萼片宿存。果肉乳白色，肉质致密细脆，石细胞少，采后经 1 周时间后熟，果实柔软多汁，风味酸甜，具有芳香，可溶性固形物含量为 14%，品质为极上等。

6. 粉 酪

粉酪（Butirra Rosata Morettini），1960 年意大利以考西亚（Coscia）×可雷亚戈（Eurre Clairgeau）为亲本，杂交培育而成。

树冠倒圆锥形，树姿较紧凑，结果后较开张；主干棕褐色。2～3 年生枝青灰褐色，1 年生枝灰褐色。叶片狭椭圆形。幼树生长强旺，盛果期树势中庸，以短果枝结果为主，连续结果能力强，早果性强。较丰产，大小年不显著。3 月中旬花芽萌动，初花期为 4 月上旬，落花期为 4 月中旬，花期为 10～13 天。果实于 7 月底或 8 月初成熟，果实发育期约 125 天。果实采后在常温条件下可贮藏 10 天，冷藏条件下可贮藏 1～2 个月。抗性较强，抗黑星病和褐斑病，亦抗腐烂病。但耐寒能力较弱。

果实葫芦形，平均单果重 325 克，最大单果重 500 克。果皮底色黄绿，阳面60%着鲜红色，果面光滑洁净，果点小而密，果梗粗短；萼片宿存。果肉白色，石细胞少，经后熟果实底色变黄，果肉细嫩多汁，风味香甜浓厚，可溶性固形物含量为13%，品质为极上等。

四、选择栽培品种的原则

（一）适应当地栽培条件

在选择品种时，要考虑到品种的生长发育规律、适应性和抗逆性等。每个品种都有它最佳种植区域和适宜种植区域，并不是所有地区都能种植。因此，在建园时首先要调查当地的土壤条件和气候情况，如土壤的酸碱度、有机质含量和土壤质地，当地的年降水量、年平均气温、有效积温和最低气温等。对于不了解性状的新优品种，要向专家咨询，不要盲目发展，以避免种植后出现不适应当地气候而导致经济损失现象的发生。

（二）符合市场需求

这是生产者在选择品种时必须考虑的因素。生产者在种植梨树时，首先要确定自己的经营目标，是为了供应当地小范围的市场，还是国内市场，或者更大的国际市场。只有确定了经营目标，才能进行市场定位。在世界各地，人们的消费习惯不同，对于梨果的风味（甜或酸）、果皮颜色、果肉松脆度等，都有不同的喜好。因此，要针对人们的不同喜好选择品种，才能有好的销路。否则，就会陷入生产出的梨果没有市场的尴尬境地。

（三）合理的品种搭配

在有一定栽培面积的情况下，选择适当比例的早、中、晚熟品种，进行合理搭配，是非常重要的。这样不仅可以减轻管理负担，还可以降低梨果销售带来的压力。而且可以在生长季持续供应梨果，比较容易地形成梨果销售的链条。

第三章　园地选择与建园

一、认识误区和存在问题

目前，建园存在的问题一是对选址、选苗木的重要性缺乏认识，并且调查研究不够，怕麻烦，图省事。二是栽植密度过大、授粉树配置不合理、立地条件不够平整等。好多果农建园所用的苗木，不是从正规的科研单位购买。很大一部分人受到电视广告、期刊杂志的误导，到一些不正规的公司和个体户中购买苗木。这些育苗单位和个人，为了获得经济利益，怂恿果农采取高密度栽培(667 平方米栽 333 株左右)。这个密度虽然会在早期获得高产，但是由于梨树生长很快，结果两年左右就需要大量间伐，从而导致果农蒙受巨大的经济损失。同样，好些果农不懂得梨树栽培的基础知识，又没有得到专家指导，在授粉树配置上选择不合理，使所选择的品种之间花粉不亲和或者授粉树配置比例不合适。

二、园地的选择

选择梨园建立地址，应符合以下条件：

(一)土壤条件

砂土、砂壤土和黏土，均可栽培梨树，但以土层深厚、土质疏松肥沃、排水良好、地下水位低于 2 米的砂壤土为最适宜。

平原沙地地势平坦，排水与通气性良好，昼夜温差较大，经改良培肥后，有利于梨树的生长发育，是发展梨树生产的良好基地。但是，沙滩地有机质含量低，保水保肥力差，风大的地区砂土易流动，建园时需采取改良土壤措施，改善土壤结构，提高土壤肥力。

梨树对土壤酸碱度的适应范围为 pH 值 5.4～8.5，最适范围为 pH 值 5.6～7.2。梨树耐碱的能力因砧木不同而有差异。豆梨砧喜偏酸性的土壤，杜梨砧耐碱性。土壤含盐量在 0.14%～0.2%之间时，梨树可正常生长，0.3%以上则易受盐害。梨比较耐涝，但低洼积水地也不宜建园。另外，还应注意果树忌地现象，切忌重茬连作。

在我国华南及长江流域多湿高温地区，要尽量选择地势高燥的半阴坡地种植梨树；在华北及黄河故道地区，要选择有灌溉条件的砂壤土或排水良好的轻碱土种植梨树；在西北干旱黄土高原区，应尽量选择有灌溉条件的滩沟地种植梨树；在东北及内蒙古地区，要选择背风向阳坡地种植梨树。

（二）气候条件

日平均气温稳定在 10℃以上时，梨花才能开放；气温达到 14℃时，开花速度加快；15℃以上时，花期持续 3～5 日，即可完成开花过程。早春花期气温不稳、变幅较大或昼夜温差聚变年份或地区，常发生花期冻害现象，易造成减产。梨的花芽分化，以 20℃左右气温为最好。

果实在成熟过程中，昼夜温差大，有利于着色和糖分积累。我国西北高原和南疆地区，夏季昼夜温差多在 10℃～13℃之间。所以，自东部引进的品种，在这里栽培后，其品质均比原产地好，而且比较耐贮运。

（三）光照条件

梨树为喜光树种，要求全年日照时数在 1 600 小时以上，6～9 月份的日照时数应不少于 800 小时。我国北方梨树主产区总日照充足，一般年日照在 2 340～3 000 小时，可满足梨对光照的需求。个别年份生长季日照不足的地区，只要注意选择向阳、开阔地段建园，确定适宜的栽植密度、行向和整形方式，就可以解决树冠内膛光照不足的问题，满足梨树对光照的需求。

（四）水分条件

梨树的正常生长和结果，与水分供应有密切联系。每生产 2 000 千克优质梨果实，需水 400～500 立方米，这个数量相当于我国东北、华北梨产区的年降水量（500～600 毫米）。西北地区年降水量为 300～400 毫米，除去地面蒸发和地表径流，天然降水对梨树生长发育的需要来说是不足的，应该用灌水的方法解决供需矛盾。梨树生长所适宜的土壤田间持水量为 60％～80％。新梢生长期和果实迅速膨大期，所需的土壤含水量要相对高一些；新梢和果实缓慢生长期和停长期，以及花芽生理分化期，所需的土壤含水量可相对低些。因此在选地建园时，必须考虑灌、排水设施问题，确保梨树在不同物候期水分的合理供给。

三、园地规划与设计

园地选定以后，规模化栽培的梨园，栽植前应进行合理的规划设计。其主要内容，包括小区的划分、防护林的安排、道路与排灌系统的规划，以及附属建筑物的设置等。通常，梨树栽植面积应占园地总面积的85%以上，其他非生产用地不应超过总面积的15%。果园内的规划设计，应本着节约用地、方便管理、提高效率的原则进行。

（一）小区的划分

小区又称作业区，为果园的基本生产单位，是为了方便生产管理而设置和划分的。大中型梨园需划分若干小区。平地梨园小区面积一般以2～6公顷为宜。小区应为长方形，其长、宽比例为2∶1或5∶2～3。长边宜南北向或垂直于当地主风向，以利于果树受光和果树相互防风。山地、丘陵地可以一面坡或一个山丘为一个小区，其面积因地而宜，长边沿等高线延伸，以利于水土保持工程施工和操作管理。

（二）道路的规划

大、中型果园的道路分为干路、支路和小路三级。干路建在大区区界，贯穿全园，外接公路，内联支路，宽6～8米。支路设在小区区界，与干路垂直相通，宽4米左右。小路为小区内管理作业道，一般宽2米左右。平地果园的道路系统宜与排灌系统、防护林带相结合设置。山地果园的作业路应沿坡修筑，小路可顺坡修筑，多修在分水线上。小型果园可以不设干路与小路，仅设支路即可。

（三）辅助建筑物的设置

梨园辅助建筑物，包括果园管理用房、工具室、农药与肥料库、配药场、包装场和果品贮藏库等。一般建筑物应设置在交通方便和有利于作业的地方。山区果园，应把农药库、肥料库和配药池设在较高的部位，以便使肥料由上往下运输，或者沿固定的渠道自流灌施，并便于施用农药。包装场和果品贮藏库，应设在较低的位置，以利于果实的向外运输。规划时，还要考虑土地的经济利用，占地面积不要超过果园总面积的3%～5%。

（四）灌排系统的设计

灌、排水系统，包括水源、灌水系统和排水系统。

果园的灌溉水源，主要来自小型水库与堰塘蓄水和从河流引水。利用地下水作为灌溉水源的地区，可通过修筑坑井或管井取水。

在地面灌水系统中，干渠将水引到果园并与支渠连接，将水从干渠引到果园小区与毛渠相接，将水从支渠引到果树行间及株间。灌水系统一般与道路、防护林配合安排，提高劳动效率和经济效益。除地面灌排外，有条件的地区还可采用喷灌、滴灌或渗灌的形式。渗灌是利用埋设在地下的渗水管道，将灌溉水直接送入果树根系分布层，借毛细管作用自下而上地浸润土壤，供果树吸收利用。

排水系统分为明沟排水和暗沟排水两种形式。明沟排水，一般由排水干沟、排水支沟和排水沟组成，各级排水沟相互连通。排水沟可结合灌溉水渠和道路规划，统一安排设置。暗沟排水时，通过埋设在地下的排水管道排水，不占用果园耕地，不影响机械作业，便于管理。因此，高标准的果园提倡进行暗沟排水。

（五）防护林的安排

梨园防护林可保护梨树不受或减轻风、沙、寒、旱等灾害的危害，减少土壤水分蒸发和土壤侵蚀，保持水土，调节果园小气候，为梨树生长结果创造良好的环境。

防护林通常采用透风林带式结构。透风林带由中、高大乔木和灌木树种组成。灌木树种栽植在林带的内侧。防护林带与果树应保持 10 米的距离。果园的南部距离林带宜更远些，以保证良好的光照条件。

山地果园防护林除防风外，还有保持水土、防止冲刷等作用，因此，林带设计应兼顾几方面的功能。一般主林带应设在果园的上部或分水岭处。平地果园应以防风、调节微域气候为主。主林带应与当地主风方向垂直或设在每个小区四周，由 4～8 行树组成；副林带由 2～4 行树组成。沿海或风大地区，林带可适当加行加密，带距也应缩小。

防护林应在果树定植前 2～3 年定植，最迟应与果树同时定植。防护林采用的树种应选择适应性强、生长迅速、寿命长、与梨树无相同病虫害或病虫的中间寄主、经济价值较高的树种。切忌栽植桧柏。

四、主栽品种的选择和授粉树的配置

（一）主栽品种的选择

梨树是多年生作物，它不像一年生作物那样，如果品种不良，下一年则可随便更换。梨树一旦定植以后，经济寿命长达几十年，更换品种就要遭受巨大损失。因此，建园时必须正确地选择适宜的主栽品种。在选择主栽品种时应考虑以下条件：

1. 具有独特的经济性状

所选的品种，要求在早果性、产量、品质、成熟期、色泽、外观、抗逆性和贮运等方面，都有明显的优点，并具有良好的综合性状。在现代栽培中，品质、外观和成熟期尤其重要。规模化种植的梨园，最好早、中、晚熟品种搭配。

2. 适应当地的气候条件

任何优良品种都有其特定的适应范围。只有在适宜的立地条件下，优良品种才能表现出固有的经济性状。在梨树的立地条件中，气候是影响梨树生产成败的关键因素，而且人类还无法在大范围内长期改变自然气候条件，尤其是温度和光照条件。

3. 适应市场需要

梨果最终必须通过市场销售获得经济效益，接受市场和消费者的检验。因此，要使果园发挥最佳的经济效益，就应以市场为导向，选择市场份额小、消费者青睐的和目前生产上正要推广的优新品种。

4. 梨园的经营目标

如果梨园是用于观光旅游，可多选品种，包括不同熟期、不同果实色泽和不同果形等梨品种。如果梨果主要是供当地销售，最好选择适应当地人口感和外观要求梨的品种。如果主要对外地销售或用于出口，则最好选优质、外观好、耐贮运的品种。

5. 与当地交通、技术和劳动力状况相适应

交通不便的地区，最好选择耐贮运或适应当地销售的品种。选择品种时，还应考虑到该品种是否容易栽培管理。有些品种虽然品质特别好，但管理较难，如幸水和黄金梨等，栽培者需要具有较高管理水平，选择时要持慎重的态度。

（二）授粉树的配置

梨树品种大多自花不结实或结实率低，建园时必须配置适量的授粉树，否则主栽品种只开花不结果或者产量极低。有些日韩梨品种甚至没有花粉，这就要求配置两个授粉品种。否则授粉树就不能结果，如新高和黄金梨等。

作为授粉树，一般应具备以下条件：①与主栽品种有良好的亲和力，并能互相授粉。②与主栽品种花期基本一致，花粉量大，发芽率高。③进入结果期早，无大小年现象。④果实有较高的经济价值。表 3-1 列举了目前推广的新优梨品种与授粉品种的配置，可供栽培者参考。

表 3-1 优良品种及其授粉品种的配置

主栽品种	授粉品种
七月酥	中梨 1 号、华酥、早美酥
早美酥	黄冠、七月酥、中梨 1 号
中梨 1 号	早美酥、黄冠、七月酥
西子绿	七月酥、早美酥、翠冠
华　酥	中梨一号、早美酥、黄冠
中梨 2 号	华酥、翠冠、西子绿、中梨 1 号
黄　冠	早美酥、华酥、中梨 1 号
红香酥	硕丰、酥梨、冀蜜
黄金梨	长十郎、丰水、红香酥
满天红	红香酥，红太阳
红酥脆	苹果梨，红香酥，
红太阳	八月红，美人酥
红安久	八月红，红太阳
红茄梨	红考密斯，红巴梨
红考密斯	红茄梨，红安久
圆　黄	丰水，中梨 2 号
秋　黄	红香酥，中梨 2 号

授粉树作为辅栽品种，一般占总数的10%～25%。种植规模越小，需要配置的授粉树比例越大。如授粉品种与主栽品种有同样的经济价值，可采用等量式配置。主栽品种和授粉品种的配置方式，主要有中心式、行列式和等高行列式（山地梨园）等。

行列式：栽4～6行主栽品种，然后栽一行授粉品种，依此类推。如果是两个授粉品种，可栽4～6行主栽品种，然后将每个授粉品种各栽一行，再栽主栽品种。这种方式运用较多，便于田间管理和采收。

中心式：以授粉树为中心，每株授粉树周围栽4～8株主栽品种。这种方式有利于授粉，但管理比较麻烦。

等高行列式：与行列式基本相同，只是在山地梨园主栽品种与授粉品种按等高线种植。

五、栽植技术

（一）栽植密度

确定栽植密度，应考虑到品种和砧木种类、土肥水条件和管理水平。品种生长势强，栽植密度应小些；生长势弱密度可大些。乔化砧木栽植密度应小些，矮化砧木栽植密度可大些。土壤肥沃，土层深厚，肥水条件较好，栽植密度宜小些；反之，栽植密度可大些。一般生长势强旺的品种，株行距可定为3米×6米；生长势中等或偏弱的品种，株行距可定为2米×4米或1.5米×5米。为了提高果园的前期产量，可采用密植栽培；待果园出现郁闭时，再进行间伐或移栽。

合理的栽植密度，必须是既保证树冠内光照的合理分布，又使整个园内梨树群体叶面积最大，受光量最多。要使叶片进行正常的生理活动，每天需要3.0～3.5小时的直射光。一般来说，梨树在生长季节需要获得全日照的30%。

（二）栽植方式

栽植方式，应本着经济利用土地和光能，便于操作管理的原则，结合当地自然和管理条件来确定。常用栽植方式有以下几种：

1. 长方形栽植

这是梨树栽培中应用最广泛的一种方式。其特点是行距大于株距，通风透光好，便于行间作业和机械化管理。株行距通常为4米×6米或3米×5米等。

2. 正方形栽植

株距与行距相等。其特点是前期通风透光好，但株间光能和土地利用率低；后期行间易过早郁闭，通风透光不良，机械管理操作不便。此种栽植方式多用于计划管理，如早期为2米×2米，经间伐或移栽改造成2米×4米或4米×6米。

3. 带状栽植

一般双行为一带，带距大于行距。这种方式能增加单位面积株数，适于高密度栽培。但带内管理不便，郁闭较早，后期树冠较难控制。

4. 等高栽植

适用于山地和坡地果园。沿等高水平梯田栽植，以利于水土保持和管理。行距随坡度增大而缩小。

（三）栽植行向

采用平地长方形栽植方式的果园，南北行向优于东西行向，尤其在密植条件下，南北行光照好，光能利用率高，上午光照3小时左右，下午光照3小时左右，光照均匀。东西行向上、下午太阳光入射角低，顺行穿透力差。中午南面光照过量，易发生日灼，北面光照不足，在行窄树高的情况下，北行树冠下部受南行遮挡，易造成下部光照不良。因此，平地建园提倡采用南北行向。

（四）挖定植穴（沟）

定植穴（沟）是幼树根系生长发育的基本环境，既关系到栽植成活率和早期发育，又关系到以后根系和地上部的生长和结果。因此，栽植前应尽量扩大定植穴（沟），并改土换土，施足底肥。

通常梨树定植穴的直径为100厘米，深80～100厘米。为使穴内土壤能有较长的熟化时间，挖穴时间应在定植前3～5个月完成。春季定植，应在前一年秋季挖穴；进行秋栽，宜在夏季挖穴。

栽植穴的大小，应根据土壤质地墒情、土层厚薄而定。下层如有砂浆层或砂石层，定植穴宜挖大些，并打破不透水层和掏石换土，经改良土壤后，再行栽树。砂壤土条件较好，挖定植穴可小些。株距小于2米时，可顺行挖定植沟，沟宽80～100厘米，深80厘米，经施肥后按株距栽植。挖定植穴（沟）时，要将表土、底土分别堆放在穴或沟的两侧。穴（沟）底应填20厘米厚的秸秆、杂草或落叶等有机物。然后，回填表土与底肥的混合物。最后填底土。把穴（沟）填满后，灌一次透水，沉实土壤。

底肥以有机肥料为主，每株应施优质有机肥50～100千克，如猪粪和牛粪等，并在有机肥中混入磷肥1～2千克，或混入饼肥 2～3 千克和磷酸二铵 0.5 千克。

(五)苗木准备

在栽植前，要进一步进行品种核对和苗木分级，剔除劣质苗木。经过长途运输的苗木，应立即解包并浸根一昼夜，待充分吸水后再定植。

(六)栽植时期

栽植时期，应根据当地的气候特点而定。秋季栽植，有利于土壤与苗木根系充分密接，促进根系伤口愈合和生长新根，春季发芽后开始生长早，缓苗时间短。因此，秋、冬气候温暖、土壤湿润的地区，以秋栽为宜。在冬季严寒、干旱和风大的地区，因秋栽容易受冻害或抽条，故以早春萌芽前栽植为宜。

(七)栽植方法

首先，按照株行距确定栽植穴位置，挖定植小穴，小穴的规格为 30 厘米×30 厘米×20 厘米。然后，将苗木放入穴中央，摆正扶直，使根系舒展，用手握苗，一边填土，一边慢慢向上提苗，最后填土踏实，并埋成 30 厘米高的土堆稳定苗木。再在树两边 1 米处修好条畦，立即浇一次透水。待能进地后逐棵检查，将苗扶正，并将地表裂缝填平。

栽植时，力求横竖成行，深度以苗木在苗圃栽植时的土印与地面相平为宜。土质黏重时可略浅，风蚀严重地区可略深，但无论如何，均不可埋过嫁接口。栽植过深时缓苗慢，且易感染病害。

六、栽植后的管理

(一)定干

栽后应立即定干,干高 80～100 厘米。定干时,要求剪口下必须有 3～5 个饱满芽。栽后定干,可以减少水分蒸发,防止"抽条";同时,可防止因苗木高大而随风摇动,影响根系生长和成活率。

(二)去萌蘖

苗木成活发芽后,要及时抹除苗木上距地面 40～50 厘米以下的萌芽,以利于新梢生长和树冠扩大。

(三)及时补水保墒

良好的土壤墒情是保证栽植成活的关键。栽后树盘覆盖地膜,可保持良好的土壤墒情,有利于提高成活率和当年的生长。未覆膜而堆土的,成活后应及时扒开土堆,以提高地温。旱情严重的地区或年份,需等到雨季再扒开土堆,以利于保墒。如有灌溉水源的,土壤干旱时应及时浇水和松土。

(四)缺苗补栽

春季应及时检查苗木栽植后的成活情况。如有死苗,则要分析死苗原因。对缺株死苗,应于雨季带土移栽补齐,栽后灌水。

(五)树盘管理与追肥

栽植当年,应做出直径为两米的树盘,间作物应种在树盘以外。间作物应以豆类等矮秆作物为主。每次灌水或雨后，应及时松土除草，保持树盘土松草净。6月上中旬追施一次速效性氮肥，每株施尿素或磷酸二铵100～150克。7月下旬以后，追肥以磷、钾肥为主，以利于枝条成熟。追肥后应及时浇水。

（六）防治病虫害及叶面喷肥

在易发生金龟子和大灰象甲的年份和地块，定植的梨苗发芽后要严防其啃食嫩芽。在生长期，要注意刺蛾、天幕毛虫、舟形毛虫、梨茎蜂、蚜虫及其他病虫害的发生和防治。叶面喷肥是幼树生长期主要补肥形式之一，前期以喷施0.3％尿素为主，后期（9～10月份）以喷施0.3％～0.5％磷酸二氢钾为主。全年叶面喷肥4～5次。

（七）保证幼树安全过冬

综合运用生长期促控措施和休眠期树体保护措施，是保证幼树安全越冬的有效措施。幼树当年枝条充实度差，越冬力低。在北方易发生冻害和枝干日灼的地区，应加强综合管理，确保幼树安全越冬。应本着"前促后控"的原则，在7月份以前灌水2～3次，7月下旬以后要控制灌水，并注意排水。要加强病虫害防治，确保叶片完好。土壤结冻前应灌一次冻水，提高土壤湿度。能弯倒的小树，应弯倒埋土防寒。枝干较粗，弯倒较困难的植株，可进行枝干涂白，并于西北侧距树干40～50厘米处培50厘米高的月牙形土埂。有条件的可于1月下旬至2月上旬，在梨树树冠下覆盖1平方米的地膜，以提高土地的温度。

第四章　土肥水的管理

一、认识误区和存在问题

土肥水管理，是梨树栽培中的重要环节。梨园的土壤管理，就是指通过各项技术措施，而达到对梨树所生长的土壤环境的改善。土壤环境包括土壤的理化性状(质地结构、有害物质等)、肥水条件等；其技术措施一般有土壤培肥、土壤耕作、间作、生草和覆盖，以及通过对土壤和树体营养诊断进行的科学施肥等。

梨园的土肥水管理是获得高效益的前提和基础。只有通过对土壤的科学管理，才能使梨树有一个赖以生存的良好环境，并保证所需养分和水分的及时充足供应，使梨树根系和树体生长良好，增强代谢作用，使树体有充足的贮存营养，才能提高果实的品质和产量。

生产者在土肥水管理中存在的问题，是重视地上部分的管理，轻视地下管理。梨树栽培中存在着“一剪子定乾坤”的说法，使得果农过于重视果树的修剪。梨果生产一出现大小年或果实品质下降，就想到梨树修剪不到位，或是花果管理不到位等地上管理的问题。有的生产者对梨树的需肥、需水规律了解不够，也就是对梨树生长发育规律没有完全掌握，导致偏施氮肥或磷、钾肥，不重视微量元素的施用，结果造成水肥的浪费，增加了生产成本却不能生产出优质的果品。有的果农轻视有机肥的施用，不知道土壤中的各种有机质具有良好的吸附性、渗透性和缓冲功能，其吸水能力可高达自重量的5～6倍，其阳离子交换量和保持盐基的能力比无机胶体大5～6倍。其实，土壤中有机质含量高，其保肥能力强，土壤中水分也不易流失，土壤中微生物数量多，生命活动也旺盛。而土壤微生物活动的旺盛，又促进土壤有机质的分解矿化，大量释放出各种营养元素，既不断供给梨树吸收和消耗，又不断使土壤肥力得到补充和提高。

二、土壤管理

（一）清耕法

清耕法，就是梨园不间作任何作物，行、株间经常保持休闲，定期进行深翻松土和除草，使土壤保持疏松和无杂草状态的耕作方法。松土和除草的次数与时间是不固定的，根据杂草生长和降水情况而定。一般杂草过多过高时，在春、夏、秋季各除一次，或在雨季期间杂草生长旺盛、土壤湿度过大时，及时除草松土，以防止梨树根系缺氧腐烂。可以在深翻时结合进行秋季施肥，在树盘内挖30～50厘米深沟或穴，施入有机肥料。也可在生长季节，结合除草、施肥和改土，进行深翻、保墒增温或杀灭虫卵，并增强土壤透气性等，从而有利于根系的生长和功能增强。冬季结合清园，在清除枯枝、落叶和杂草时，进行一次全园深翻。这是生产高档梨果的有效措施。

（二）免耕法

免耕法，是对梨园不进行耕耘，只利用除草剂除草，而保持土壤自然结构的一种管理方法。其优点是，保护土壤的自然结构，有利于水分的渗透和吸收，减少土壤水分的蒸发和水土流失，便于机械化作业，节省劳力，降低成本。其缺点是，有一定的局限性，只适用于具有良好的土壤性状或已完成改良任务的土层厚、有机质含量高的梨园。目前，我国大部分梨园还达不到这种标准。除草剂有草甘膦，又叫镇草宁，是一种高效低毒、广谱性除草剂，应用广泛。在杂草生长旺季，于结籽前将其一次铲除。每 667 平方米用量为 1.5～2 千克，对水 50 倍，若加入 0.5%的洗衣粉，则药效更佳。另外，还有茅草枯、扑草净、草甘膦、百草枯和二甲四氯等除草剂，也可以混配使用，以扩大杀草范围，提高除草效果。但一般果园每年只可使用 1～2 次除草剂，不能多次使用，以免引起污染，造成在土壤中的累积。

（三）覆 盖 法

这种方法，是利用作物秸秆、杂草、薄膜、砂砾和淤泥等物，对树盘、株间或行间进行覆盖。用作物秸秆和杂草覆盖时，厚度一般在 20 厘米左右。作物秸秆和杂草等覆盖物，会逐渐腐烂减少，然后重新覆盖。最好在覆盖 3～4 年后，将其埋入土中，再重新覆盖。此外，在早春覆盖地膜可提高地温，抑制杂草生长；在果实着色期覆盖银色反光膜，可增进果实着色。

（四）生 草 法

这是国外果园广泛应用的管理方式。其做法是，在梨树行间和株间种植禾本科或豆科等绿肥作物。通常在年降水量为 800～1 000 毫米的地区，或有灌溉条件的梨园应用为最好。密植梨园通常在行间种植多年生绿肥，株间树冠下实行清耕。为了便于梨园管理，减少生草影响光照，每年要割 3～

5 次，使之保持高度为 10～20 厘米。果园常用的绿肥作物有：苕子、箭豌豆、草木樨、紫云英、蚕豆、三叶草、金花菜、肥田萝卜、白三叶和意大利黑麦草等。

(五)间 作 法

幼龄梨园行间空地较多，合理间作其他作物，可充分利用土地和光照，增加早期经济效益。根据各地的经验和作物的生长特性，较为适宜的间作作物有：花生、白菜、西瓜、甜瓜、草莓和甘薯等低秆作物。但是必须注意，要杜绝间作高秆作物。间作时，梨树行内必须留出清耕带，其宽度第一年为 1 米，第二至第三年为 1.5～2 米。以后，当树冠扩大到行间 1.5 米左右时，应停止间作。间作作物要合理灌溉、施肥和轮作倒茬，避免与梨树争肥争水和造成土壤营养失调，并且要防止有害物质的积累。间作作物收获后，秸秆可作为覆盖物使用，或在深翻梨园时将其埋入土中。

三、科学施肥

(一)梨树不同生长周期的需肥规律及科学施肥

1. 生长期需肥及施肥

从苗木嫁接开始到开花结果前，为梨树的生长期。此期持续时间不长，一般为 2～5 年。在此时期内，梨树从定植到成活，其树冠和根系强烈地进行加长和加粗生长，地下部和地上部迅速扩大，为迅速转入开花结果创造条件。这时的栽培管理和施肥的主要任务是，促进梨树营养生长，加大枝叶量，使其尽快进入生长结果期。在生长期，要大量施用氮肥。

2. 生长结果期需肥及施肥

也叫初果期。是指从开始结果至大量结果且产量相对稳定为止的一段时间。此期梨树仍然强旺生长，继续扩冠分枝，大量形成结果枝条，角度逐渐拉开。根系生长也不断向纵深伸长和水平扩张，主根上侧根、细根、毛根大量增生。结果逐年加多，产量不断增长。初果期的果实，个大，整齐，品质优良。这个时期施肥管理的主要任务是，保证植株良好生长，增大枝叶量，培养骨干枝，使梨树尽快过渡到盛果期。此期施肥，要补充大量元素的肥料，包括氮、磷、钾等。

3. 盛果期需肥及施肥

这是梨树大量结果，且相对稳产高产的时期。此期根系和树冠扩展到最大限度，产量和效益达到高峰，也是梨树一生中最需要施肥、灌水、植保和修剪的，管理要求严格的时期，工作量大，特别要防止营养失调和大小年结果现象的发生。这时的需肥特点是，除了大量元素需要量大外，一些微量元素也都需要补充。此期施肥，应大量增施有机肥。

（二）梨树不同物候期的需肥规律及科学施肥

梨树在一年中生长发育的规律变化，叫做梨树的年周期。在一个年周期中，其生命活动表现最明显的有两个阶段，即生长期和休眠期。生长期，是指梨树从春季萌芽开始，经历展叶、开花、结果、枝条生长、花芽分化和形成、果实发育、成熟、采收到休眠前的过程。在这个过程中，地上部经历一系列形态的变化。休眠期，是指从落叶后到翌年春季萌发前为止的过程。在休眠期中，梨树仍进行着微弱的呼吸、蒸腾、吸收、合成、花芽分化等生命活动和体内系列的生理活动。梨树年周期中生长发育的几个重要时期，也是营养需要的关键时期，应及时满足其所需要的营养条件。

1. 萌芽前或开花前追肥

春季为梨树器官生长和建造时期，其根、枝、花的生长随着气温的上升而加速，其开花、授粉和受精，都要大量消耗体内贮存的养分。若体内营养水平低，土壤中氮素供应不足时，常会导致大量落花和落果，还会影响抽枝和果实发育。若能及时追施速效氮肥，就可以解决体内养分贮存不足和萌芽开花需要消耗较多养分间的矛盾，促进萌发和新梢生长，减少落花和落果。

2. 落花后追肥

梨树落花后，新梢旺盛生长和大量坐果，都需要大量养分。花后及时追施氮肥，可以促进新梢生长，叶色加深，减少落果，促进幼果膨大。花后追肥还可以使梨树果台副梢发生较多的叶片，增大光合面积，为果实发育和花芽分化创造良好的营养条件。坐果后，新梢开始大量生长，是一年中的生长高峰，需供给氮肥。

3. 幼果迅速膨大期及花芽分化前期追肥

梨树新梢停止生长至果实迅速膨大开始，在 5 月末至 8 月下旬。此时果实增个迅速，同时也是花芽分化时期，需要大量的氮、磷、钾和其他微量元素。该期追肥应以速效肥料为主，注意氮、磷、钾肥的配合。如以有机肥料作追肥，在使用时间上比施用化肥要提前 20～30 天，且应以猪粪、鸡粪和兔粪等厩肥为主。这样，能取得明显的增产效果。

4. 采前追肥

梨果采摘之前，是花芽继续分化和果实采前膨大的时期。

为提高花芽质量和果实产量，增进果实品质，使结果很多的树上果实符合质量要求和花芽形成质量好，可在此期追肥一次，并做到氮、磷、钾肥配合使用。追肥量可根据土壤、品种和树龄决定。参照国内外梨园的追肥量，一般以每产100千克果，以追施尿素0.5～1千克、过磷酸钙1～2千克、草木灰3～5千克为宜。幼树每株施尿素0.2～0.5千克。追肥方法一般采用放射状、条状、环状沟施或穴施，沟、穴深度为10厘米左右。追肥时结合进行梨园灌水，效果更佳。如果由于肥料有限，可在上述1、3、4时期或者1、4时期施肥。

根据各地经验，大量施用有机肥料，适当施用化肥，并且适时分期施用，是梨果丰产优质的重要条件。

5. 秋施基肥

基肥是果树常年最基本的肥料源泉，供应时期长，养分全。秋施基肥比冬施或春施效果都好。秋施正好与秋根生长高峰和花芽分化高峰期的需肥规律相一致；秋季果实采收前后，梨树体内养分大量消耗，急需尽快补充。秋高气爽，温度适宜，有利于肥料的分解利用。此时新根大量发生，光合作用旺盛，树体贮存营养水平高，有利于提高花芽的分化质量和枝芽的充实健壮，从而增强抗旱抗寒能力，使树体安全越冬。

秋施基肥应注意以下几点：首先，施肥时间宜早不宜晚。以在采收前后(9月份)进行为好，过晚达不到上述效果。施用的肥种类以有机肥(农家肥、厩肥、饼肥、人粪尿和鸡、牛、羊、猪粪等)为主，加入全年要施用的磷肥和部分氮肥更好，对恢复结实后的树体很有帮助。其次，施肥方法以开沟50～60厘米深施，结合深翻改土、扩树盘，效果更好。施肥面要广，普遍施入，使肥料更多地接触根系。最后，施肥一定要结合进行灌水。这样，才能充分发挥肥效。

6. 根外追肥

根外追肥又叫叶面喷肥。就是把肥料配成低浓度溶液，喷到枝、叶、果上。此方法经济简便，效果明显。常用肥液及浓度为：尿素，浓度为 0.3%～0.5%；过磷酸钙浸出液，浓度为 0.3%～0.5%；磷酸二氢钾，浓度为 0.2%等。根外追肥常与植保相结合，把肥料配到药液中混合均匀，喷布叶面效果良好。但有些梨品种，如京白梨和茌梨等，对尿素较敏感，喷布时要注意气温不宜过高，要采用较低的喷布浓度，并在上午 8～10 时、下午 4 时以后喷施肥液。另外，我国北方大部分土壤缺少锌、硼和铁元素。梨树因此而发生不同程度的缺素症。所以，应根据病症和病状加以确诊，在适当时期喷施一定量的所需元素肥液。如防治早酥梨果的木栓斑点病，可在花期喷 0.2%～0.4%的硼砂液，效果良好。梨树根外追肥使用的肥料种类及浓度，见表 4-1。

表 4-1 梨树根外追肥常用肥料的使用浓度及喷布时期

肥料种类	浓度(%)	喷布时期	备 注
尿 素	0.3～0.5	生长季、后期	
硫酸铵	0.3～0.4	同上	
磷酸铵	0.3～0.5	生长季	
硝酸铵	0.3～0.4	生长季	
过磷酸钙浸出液	1～3	5～8 月份	
磷酸二氢钾	0.3～0.4	生长季	
草木灰浸出液	3～6	6～8 月份	不可与碱性农药用混合
硫酸钾	0.4～0.5	6～8 月份	
硫酸锌	3～5	发芽前	防治小叶病
硼砂、硼酸	0.3～0.5	花期及花后	防治木栓斑点病
硫酸亚铁	2～3 0.3～0.5	发芽前 生长季前期	防治缺铁黄化病

进行梨树根外追肥，一定要掌握好常用肥料浓度及喷布时期。具体方法如下：

第一，喷肥时间。应在上午 9 时以前，下午 5 时以后进行，以减慢蒸发速度，增加叶片吸收时间，减少肥害发生。

第二，严格掌握用量。按喷药容器算出用肥量后，应过秤后加入，杜绝用眼估计用量，以防浓度过大产生药害。使用"工农 16 型"背负式人工喷雾器时，0.5%的用肥量为每桶水加 70 克。

第三，肥液药液一定要调匀。桶内肥料应充分搅匀，以免桶底沉淀浓度过大，开始喷出时发生肥害。喷完后剩余部分宁可倒在树下，不要对最后几株树增加用量而产生药害。注意几种肥料混喷时应减低浓度。

第四，喷肥要以叶背为重点。喷时应喷头朝上，以喷叶背为主。因为叶片背面气孔多，吸收量大。

第五，若喷用较难溶于水的肥料种类的澄清液，如草木灰、过磷酸钙等，应先用少量水浸泡 12 小时，然后除去渣子，用澄清液加水喷用。

（三）根据树势和树相科学施肥

1. 各种矿质元素对梨树有不同的作用

各种营养元素在梨树中的作用及表现各不相同。含量不同，其表现也不一样。

(1)氮 氮素的作用主要是加强营养生长，提高光合作用，增加氮的同化和蛋白质的形成。在梨树的生长发育过程中，氮素的供应要保持不间断。若氮素不足，则生长衰弱，叶小而薄且色浅，落花落果严重，果实个小。严重缺氮时，生长就会停止，基部叶片早落。但是，若氮素过多，则枝叶旺长，花芽分化不良，果实成熟延迟，品质差，不耐贮藏，枝干组织成熟度差，容易遭受冻害。

(2)磷 磷的作用主要是增强细胞生活力，促进组织成熟，提高抗寒、抗旱的能力，促使发生新根，有利于花芽分化和提高果品质量。磷素不足，新梢和细根发育受阻，枝条萌芽率降低，叶片呈紫红色，以致叶缘出现半月形的坏死斑块，引起基部早期落叶，花芽分化不良，果实含糖量降低，抗寒抗旱性能减弱。

(3)钾 钾的主要作用是促进养分转运、果实膨大、糖类转化、组织成熟、加粗生长和提高抗性。缺钾时，果实变小，质量降低，落叶延迟，抗性减弱。严重缺钾时，老龄叶片边缘出现上卷的枯斑。

(4)钙 钙参与细胞壁的组成，保证细胞的正常分裂，使原生质的黏性增大，提高抗性，中和新陈代谢过程中产生的草酸，避免发生毒害。缺钙时，新生根短粗、弯曲，根尖易死亡，叶面积减小，贮藏果易黑心。

(5)镁 镁是叶绿素的组成成分，并参与部分磷化物的生物合成，促进磷的吸收与同化。缺镁时，植株生长停滞，基部叶片的叶脉间出现黄绿至黄白色斑点，渐变为褐色斑块；严重缺镁时，叶片从新梢基部开始脱落。

(6)铁 铁与叶绿素的形成有关。缺铁时，叶小而薄，叶脉间变为黄绿以致黄白色。严重时，叶边缘出现棕褐色斑块，后逐渐枯死。铁在树体内不易移动，所以最先表现缺铁的是新梢顶部的幼叶。

(7)硼 硼在树体内的作用是多方面的。它与细胞的分裂、细胞壁内果胶的形成以及糖类的运输有关。缺硼时，叶片厚而脆，枝条枯梢，树皮溃疡，花早期干萎，果实萼端出现干疤，果面凹陷，果肉木栓化。

(8)锌　锌与树体内的一种生长激素——吲哚乙酸的形成有关。缺锌时，新梢细，节间短，叶密集丛生，小而窄，即通常所谓的小叶病。严重时，从新梢基部向上逐渐落叶，果实也变小。

2. 根据树势、树相情况施肥

梨树生长的环境优劣，各种营养元素的亏盈，都会在树体的外部形态上表现出来。通过树势、树相分析，可以准确地判断梨树的缺素症状，亦即需肥的情况。

梨树的生长和结果，需要通过根系从土壤中吸收多种矿质营养，其中氮、磷、钾需用量较大，称之为“三要素”；钙、镁、硫、铁、硼、锰、锌、铜、钼用量较少，但不可缺少，称之为“微量元素”。这些营养元素，对于梨树来说，都具有不可或缺或不可替代的作用。人们通过对树相的观察和分析，可以知晓树体的营养元素的亏盈状态，从而确定需要施肥的种类及用量。

梨树外部形态营养诊断，比较直观、简单、方便、准确和可靠。用目测方法来判断营养的丰缺，适用于各类土壤和各个年龄时期的梨树。

四、科学灌溉

水是梨树正常生长发育的最基本条件之一。水分影响到梨树的生长、开花结果和果实品质。适宜的土壤水分，能确保梨树体内各种生理生化活动的正常进行，使梨树生长健壮，果实丰产，果品质量提高。土壤中水分过多或不足，梨树正常的各种生理生化活动就会受阻，就无法正常地生长发育，甚至发生死亡。

(一)合理灌水

梨树具有较强的抗旱能力,但又是需水量较大的树种。国外研究结果表明,梨树的需水量是苹果的3～5倍。因此,若欲实现丰产优质,就必须满足梨树对水分的要求。

1. 确定灌水时期的依据

合理的灌水时期,应根据土壤持水量和树体形态特征来确定。

土壤能保持的最大含水量称为土壤持水量。当土壤的含水量达到持水量的60%～80%时,为梨树最适土壤含水量。当土壤含水量低于最大持水量的60%时,应进行灌溉。不同土壤种类的持水量存在着差异,粉壤土为19%,砂壤土为25%,壤土为26%,黏壤土为28%,黏土为30%。土壤含水量可用土壤水分张力仪进行测定,从而确定何时灌溉。无条件测定的,可凭经验土法判断。用手将壤土或砂性土紧握成团,松开手后土团不易破碎,说明土壤含水量达到土壤持水量的50%以上,暂时不必进行灌溉。如松开手后土团散开,说明土壤含水量过低,应进行灌溉。黏性土握成团后,轻轻挤压便出现裂缝,说明土壤含水量低,应进行灌溉。

干旱时,梨树的树体特征,主要表现为梢尖弯垂,果实皱缩,叶片萎蔫。当中午观察时,树上的叶片出现萎蔫,经过一个晚上以后,第二天叶片仍不能恢复原状,说明土壤已经缺水,应立即灌溉。

2. 灌水时期

灌水时期,根据梨树的需水情况,结合各物候期生长发育特点,以及气候条件而定。在华北及西北地区,梨树主要灌水时期有:

(1)花前水 我国中西部地区，冬、春季干旱多风，花前及时灌水，可以促进根系生长和花芽分化，提高坐果率，加速新梢生长，为当年丰产打下基础。此次灌水，时间在 3 月下旬左右。

(2)花后水 此期梨树的生理机能旺盛，新梢生长和幼果发育同时进行，对水分和养分的供求状况敏感。如水分不足，则造成幼果大量脱落。此次灌水，时间应在 4 月下旬或 5 月上中旬。

(3)果实膨大水 6～7 月份，是果实迅速膨大期，也是梨树需水量最大的时期。此期往往天气干旱。因此，要特别注意此期的灌水工作。

(4)采后补水 为了弥补由于大量结果而对树体所造成的饥饿状态，急需补充足够的水分和养分，以促使叶片功能迅速恢复，增加营养积累；并结合秋施基肥，灌足水分，有利于肥料的转化和根系的吸收。此次灌水，时间多在 9 月下旬或 10 月上旬。

(5)越冬封冻水 冬季由于雨雪较少，不利于梨树越冬。灌越冬封冻水，不仅可以提高土壤的温、湿度，增强树体的越冬能力，而且可促进来年果树的生长发育。

3. 灌水方法

在目前的经济条件下，我国多采用沟灌或漫灌的方式。条件允许的地方，可采用滴灌或微喷。这样，既效果好，又节约用水和节省劳力。

及时适量适法灌水，是梨树稳产高产和优质不可缺少的栽培措施。应根据土壤水分情况和树体的需水状况及时灌水，并根据当地条件确定恰当的灌水方法。

(二)及时排水

梨树虽较耐涝，但长期淹水会造成土壤缺氧并产生有毒物质，容易发生烂根和早落叶，严重时枝条枯死。因此，梨园也应设置完善的排水系统。

排水系统要根据气候条件、梨园的立地条件和种植密度而设置。对于降水量少、地下水位低的地区，通常在梨树行间，每隔 1～2 行设一条浅排水沟（密植园为两行，稀植园为一行），排除地表积水。对于降水量多、地下水位高的地区，梨园内除设浅排水沟外，还应设深排水沟，以排除地下水。低洼地应修筑台田，将种植带筑高。山地梨园应在园外高处挖拦洪水沟，防止洪水进入梨园。

(三)旱地水分调控

我国水资源十分贫乏，大部分梨园是建在干旱和半干旱地区，调控旱地梨园水分十分重要。

1. 修建贮水窖

在干旱少雨的北方地区，雨水大多集中在 6～8 月份，这时可将多余的水贮存起来。修筑蓄水窖时，应选在梨园附近，地势低易积水的地方，其大小应根据降水量和梨园面积而定，窖底和四壁要保持不渗水。干旱时可用窖水浇灌。

2. 改良土壤

深翻土壤，多施有机肥，可以改良土壤结构，提高土壤的贮水能力。

3. 合理耕作

梨树行内要低于行间 10～20 厘米，以利于蓄水保墒；中耕松土，可以减少土壤水分蒸发；

4. 覆盖保水

采用作物秸秆、地膜和绿肥等进行地面覆盖，不仅可以减少土壤水分蒸发，而且还有提高土壤肥力、提高地温和减少杂草生长的作用。

5. 使用保水剂

保水剂是一种高分子树脂化工产品。它遇到水分能在极短时间内，吸水膨胀 350～8 000 倍，吸水后形成胶体，即使施加压力也不会把水挤出来。保水剂以 500～700 倍的比例掺入土壤中，降雨时贮存水分，干旱时释放水分，持续不断地供梨树吸收。保水剂在土壤中反复吸水，可连续使用 3～5 年。

第五章　整形修剪

一、认识误区和存在问题

（一）对整形和修剪的关系认识不清

整形修剪是果树栽培管理中的一项重要技术措施，历来受到生产者的重视。但是，有的果农把整形与修剪割裂开来，只重视一个方面，这是不对的。

果树整形，是通过修剪及应用相应的栽培措施，把树体的骨干枝和树冠培养成特定结构和形状的技术。修剪，是为了控制树体枝条的数量、方位及生长势，对果树树体直接采用剪枝及类似的外科手术的总称。断根和以控制树体枝条发生数量及生长为目的而施用植物生长调节剂，也属于修剪的范畴。前者称为根系修剪，后者称为化学修剪。

修剪是手段，整形是目的。整形与修剪两者密切相关，互为依存。整形，必须依靠修剪才能实现；而修剪，只有在合理整形的基础上，才能充分发挥作用。

（二）只重视冬季修剪，轻视夏季修剪

冬季修剪，又叫休眠期修剪，是指从秋、冬落叶至春季芽萌发前所进行的修剪。是通过短截、疏除、长放和回缩等修剪措施，达到整形或维持树体结构的目的。夏季修剪，广义上讲是指生长季修剪，是通过除萌、疏梢、摘心、扭梢和拿枝等措

施，达到节约树体养分、控制树势、促进花芽形成和结果枝培养的目的。做好夏季修剪的工作，可以减少徒长枝、直立枝和并生枝的数量，不仅降低冬剪工作量，而且大大节约树体的营养，改善树体的光照，提高花芽形成和果实的质量，加速树体结构的形成。从而大大降低了冬剪时某些部位枝条过多，某些部位光秃的窘况，为丰产优质的梨果生产打下良好的基础。

(三)过于拘泥形式

梨农在梨树整形上都富有经验，但是在对梨树修剪上往往都按照固定的套路，很少考虑到品种特性、土壤条件和气候因素等。不同品种因其生长势不同和生物学特性不同，其修剪方法也就不同。不同的土壤条件，树体的生长量不同，树势差别也很大，所以修剪上也略有不同。

(四)没有认识到整形修剪的局限性

整形修剪，只能在树体现有的营养基础上，调整树体的营养生长和生殖生长的矛盾，使树形结构合理，枝量搭配合适，而不能从根本上改变树体的营养状况。对于因树体营养状况不良所导致的坐果率低、果实小等问题，还是要从地下管理入手，才能得到解决。

二、整形修剪的操作

(一)整形修剪的作用和意义

1. 调节果树与环境间的关系

(1)调整个体与群体的结构 整形修剪可调整梨树个体

与群体结构，提高光能利用率，创造较好的小气候条件，更加有效地利用空间。

(2)协调提高叶面积指数与改善光照条件的矛盾 提高有效叶面积指数和改善光照条件，是果树整形应遵循的原则，必须双方兼顾。只顾前者，往往影响品质，进一步也影响产量；只顾后者，则往往影响产量。增加叶面积指数，主要是多留枝，增加叶丛枝比例，改善群体和树冠结构。改善光照主要控制叶幕，改善群体和树冠结构，其中通过合理整形，可协调两者的矛盾。

(3)解决个体发展与群体发展的矛盾 稀植时，整形主要考虑个体的发展，重视快速利用空间，树冠结构合理及其各局部势力均衡，尽量做到：扩大树冠快，枝量多，先密后稀，层次分明，骨干开展，势力均衡。密植时，整形主要考虑群体发展，注意调节群体的叶幕结构，解决群体与个体的矛盾；尽量做到个体服从群体，树冠要矮，骨干要少，控制树冠，通风透光，先“促”后“控”，以结果来控制树冠。

良好的群体和树冠结构，还有利于通风透光、调节温度、湿度和便于操作。

2. 调节树体各局部的均衡关系

梨树正常生长结果必须保持好各局部的相对均衡。要保持各局部关系的相对平衡，就要采取相应的措施，不断对局部间的关系进行适当的调整。

(1)利用地上部与地下部动态平衡规律调节果树的整体生长 梨树地上部与地下部是相互依赖、相互制约的，二者保持动态平衡。任何一方的增强或减弱，都会影响另一方面的强弱。进行修剪，就是有目的地调整两者的均衡，以建立有利的平衡关系。但具体反应如何，则随接穗和砧木生长势的强弱、贮藏养分的多少、剪留枝芽或根的质量、新梢生长对根系生长的抑制作用，以及环境和栽培措施，如土壤湿度和激素应用等措施的制约而有变化。如苹果苗木水培试验，对根系适度修剪可促进其生长；而重剪则生长减少。

根据树势树龄的不同，修剪既可促进生长，又可抑制生长。对生长旺盛、花芽较少的树，修剪虽然促进局部生长，但由于剪去了一部分器官和同化养分，一般会抑制全树的生长，使全树总生长量减少。但是，对花芽多的成年树，由于修剪剪去了部分花芽减少了营养消耗，反而会比不修剪的增加总生长量，促进全树生长。

必须指出，修剪在利用地上部和地下部的动态平衡规律方面，还应依修剪的时期和修剪方法而变化。在树体内贮藏养分最少的时期进行树冠修剪，则修剪愈重，叶面积损失愈大，根的饥饿愈重，新梢生长也愈弱，对整体、对局都会产生抑制效应。如在培育速成苗时，当年梨砧提早在6月份进行芽接，成活后立即剪砧，则因贮藏养分很少，又无叶片同化产生回流，致使根系严重饥饿，往往造成接芽萌发迟，苗木细而弱，对幼树生长产生巨大的抑制作用。对于生长旺盛的树，如通过合理摘心，全树总枝梢生长量和叶面积也有可能增加。

由此看来，修剪利用地上部地下部平衡规律所产生的效应，随树势、物候期和修剪方法、部位等不同而改变，有可能局部促进，整体抑制；此处促进，彼处抑制；此时加强，彼时削弱。因此，必须具体分析，灵活应用。

(2)调节营养器官与生殖器官的均衡 生长与结果这一基本矛盾，在梨树一生中同时存在，贯穿始终。必须通过修剪进行调节，使双方达到相对均衡，为高产、稳产和优质创造条件。调节时，首先要保证有足够数量的优质营养器官；其次要使其能产生一定数量的花果，并与营养器官的数量相适应。如花芽过多，必须疏剪花芽和疏花疏果，促进根叶生长，维持两类器官的均衡；第三要着眼于各器官、各部分的相对独立性，使一部分枝梢生长，一部分枝梢结果，每年交替，相互转化，使两者达到相对的均衡。

(3)调节同类器官间的均衡 一株梨树上同类器官之间也存在着矛盾，需要通过修剪加以调节，以有利于生长和结果。用修剪调节时，要注意器官的数量、质量和类型。有的要抑强扶弱，使生长适中，有利于结果；有的要选优去劣，集中营养供应，提高器官质量。对于枝条，既要保证有一定的数量，又要搭配和调节长、中、短各类枝的比例和部位。对徒长旺枝要去除一部分，以缓和竞争，使多数枝条健壮，以利于生长和结果。再如，结果枝和花芽的数量少时，应尽量保留；数量过多，则要选优去劣，减少消耗，集中营养，保证留下枝生长良好。

3. 调节树体的营养状况

整形修剪对树体营养的吸收、制造、积累、消耗、运转和分配，以及各类营养间的相互关系，都会产生相应的影响。

第一，调整树体叶面积，改变光照条件，影响光合产量，从而改变树体营养制造状况和营养水平。

第二，调节地上部与地下部的平衡，影响根系的生长，从而影响无机营养的吸收与有机营养的分配状况。

第三，调节营养器官和生殖器官的数量、比例和类型，从而影响树体的营养积累和代谢状况。

第四，控制无效枝叶和调整花果数量，减少营养的无效消耗。

第五，调节枝条角度、器官数量、输导通路和生长中心等，定向地运转和分配营养物质。

(二)整形修剪的原则

1. 因树整形,随枝修剪

树有千姿百态,枝有千差万别。在一个梨园中,不可能找到完完全全一个模样的树。因此,在梨树整形修剪过程中,切忌生搬硬套某种树形,应根据每棵树的生长发育的自然状况,因树修剪,随枝整形。在此基础上,幼树期,可尽量按照标准树形加以引导培养;进入结果期后,要以结果为主,整形为结果服务,就不要再过分强调标准树形。对于梨树生产者来说,所选择的树形最好具有以下几个优点:梨树能在短时期内尽可能迅速占领空间;树冠内通风透光条件好,有效叶面积比例大;早果、丰产性能好;以结果为主,整形为结果服务;整形技术相对简单,管理简便、省工。

2. 合理的树体结构

树体结构对于整形修剪至关重要。梨树的骨干枝构成树体的骨架,担负着树冠的扩大、水分与养分的运输和承受果实重量的任务。树体结构中骨干枝数量应适当。过少时,不能充分占领空间,光能利用率低,影响梨果产量;过多时,易造成整形时间长,早期产量低;后期枝叶密集,通风透光不良,内膛枝变弱,导致果实品质低劣。通常大冠形树体有骨干枝15～18个,其中主枝6～7个,侧枝9～11个;中冠形树体有骨干枝13～15个,其中主枝5～6个,侧枝8～9个;小冠形树体有小主枝8～12个。梨树的大、中冠形树体较高,树冠较大,为减少上部对下部、外围对内膛的遮光,骨干枝应分层配置。大、中冠树主枝一般分两层,小冠树因树冠较矮小,可不分层。

梨树的大多数品种萌芽力强,易形成短枝,短枝开花结果后又形成1～2个果台枝。因此，梨树易出现枝组过密、枝组内枝条过多的现象。即使骨干枝数量合适，也易因总枝量过大而造成局部郁闭。所以，修剪时还应控制单位面积的总枝量。各地的研究结果和生产经验表明，为保证梨果具有良好的品质，在每667平方米产量为2 500千克的情况下，冬季修剪后，每667平方米留一年生枝量以3万～5万个为宜。

梨树主枝在中心干上的分枝角度，对树体骨架的坚固性、结果早晚、产量高低和品质优劣影响很大。主枝分枝角度小，顶端优势强，出现主枝上部生长旺盛，导致上强下弱，难以形成花芽，影响树体产量。树冠内郁闭，则光照不良，果实品质差。相反，主枝的角度过大，则往往导致生长势弱，尽管花芽易形成，早期产量高，但容易早衰。通常梨树的主枝角度为70°，密植园可适当大些。

3. 抑强扶弱，均衡树势

抑强扶弱，其目的是通过对生长势的调控，实现树体与树体之间生长势的一致，树体上下部之间和树体各骨干枝之间的生长势平衡。对骨干枝之间的生长势，要求中心干强于主枝，主枝强于侧枝，侧枝强于枝组。需要加强生长势的，可轻修剪多留枝，适当多短截以促进分枝数量，去弱留强，去下垂枝和平生枝，多保留斜上生枝，少留结果枝多留营养枝，适当冬季修剪少夏季修剪。相反，需要削弱生长势的，则应重修剪少留枝，多疏枝少短截，去强留弱，去直立枝多留水平枝、下垂枝和结果枝，推迟冬季修剪时间和加强夏季修剪。在夏季修剪时，可采取疏梢以减少枝叶量，或采取环剥等措施。

4. 调整好梨树营养生长和生殖生长的矛盾

在整个梨树生长周期中，始终存在着营养生长和生殖生长之间的矛盾。梨树营养生长过旺时，形成花芽困难，梨树产量低，可通过轻剪长放、开张主枝角度等，促进树体从营养生长向生殖生长转化。梨树进入盛果期，营养生长明显转弱，应加重修剪，较多进行短截，以促进营养生长，维持树体正常健壮，克服大小年。

5. 扩冠与控冠相结合，保持树冠覆盖率

树冠覆盖率，是指树冠垂直投影面积与栽培面积之比。在一定范围内，覆盖率越高，产量越高。但覆盖率过高，树冠交接，树冠之间互相影响光照，会导致树冠内光照条件变差和果品质量下降。因此，幼树期应以扩冠为主，力争用最少的年限达到适宜的树冠覆盖率。成年树，当树冠超高超宽时，必须及时控冠，把它限定在一定的范围内。在普通梨园，树冠覆盖率以 70%～80%为宜；在机械化程度高的梨园，树冠覆盖率通常在 60%～70%。

6. 要有利于其他管理

整形修剪仅仅是梨树现代栽培管理的一个重要环节。为实现丰产优质，其土肥水管理、花果管理、病虫害防治等缺一不可。因此，在整形修剪过程中，还要便于除草、施肥、灌水、授粉、疏花疏果、打药和采果等树上与树下的管理，以及使用机械化操作。

（三）整形修剪的时期与方法

梨树的修剪时期，分为休眠期修剪和生长季修剪。不同时期的修剪方法各有侧重，应互相配合，取长补短。不同时期修剪的作用和修剪后树体的反应，也存在很大差异，因而不能相互替代。

1. 休眠期修剪

休眠期修剪，也叫冬季修剪。是指从冬季梨树落叶后到次年春季萌芽前的修剪。主要用于树形培养、树冠扩大、结果枝培养和辅养枝改造等。修剪方法，主要有短截、回缩、疏剪和缓放等（图 5-1）。

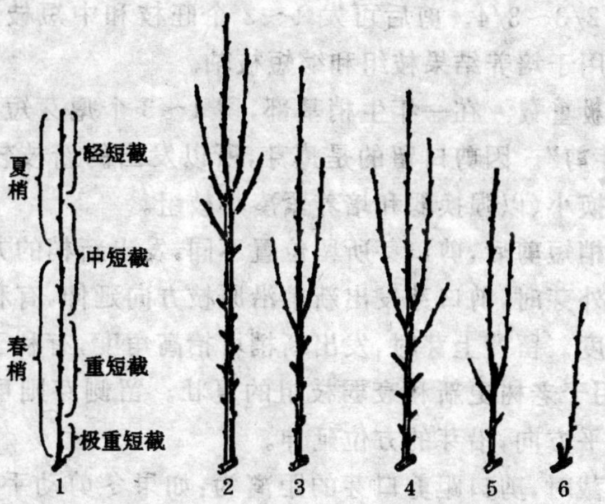

图 5-1　梨树枝条不同程度的短截及发枝特点

1. 不同程度短截的位置　2. 在夏梢中部短截　3. 成枝力低的或第二次生长明显的品种在春梢中部短截后发枝情况　4. 成枝力高的或第二次生长不明显的品种，在春梢中部短截后发枝情况　5. 在春梢下部短截　6. 在春梢基部盲节处短截

（1）短　截　也叫短剪。是指将一年生枝剪去一部分、保留一部分的修剪方法。根据对枝条短截程度的不同，又可分为以下几种，其作用和目的各不相同。

①**轻　截**　剪去一年生枝全长的 1/5～1/4，其剪口芽一般为弱芽或次饱满芽。剪后可缓和枝条生长势，增加中短枝的形成，促进花芽形成。梨树一年生枝轻截后，一般第二年即可形成花芽，第三年即可结果。

②**中　截**　在一年生枝、上部最饱满芽处剪截，剪去

1/3～1/2。其作用为：发长旺枝能力强，中短枝少，生长势旺，有利于长树扩冠。常用于骨干枝的延长枝头。

③重截 在一年生枝中上部半饱满芽处下剪，剪去枝条全长的 2/3～3/4。剪后可发 1～2 个旺枝和中短枝，能减弱树势。用于培养结果枝组和缩短枝轴。

④极重截 在一年生梢基部，留 1～3 个瘪芽短剪，故也叫"三芽剪"。因剪口留的是瘪芽，所以发出的新枝较弱。用于以大换小、以强换弱和培养紧凑小枝组。

枝梢短剪后，剪口芽所留位置不同，发出新梢的方向也不同。留外芽时，剪口芽发出新梢沿原枝方向延伸，有利于主枝开张角度。留背上芽时，发出新梢可抬高角度，有利于恢复生长势，用于老树更新和衰弱枝组的复壮。留侧芽则可改变枝条的水平方向，沿芽的方位延伸。

短截时，剪口距剪口芽的距离为：如果冬剪动手早，可留 1～2 厘米；如果动手晚，剪后很快就发芽时，可留 0.5 厘米左右。

(2)回 缩 回缩又叫缩剪，就是对多年生枝进行短剪。缩剪后，去掉枝量大，腾出空间多，能改善光照条件；同时刺激较重，有更新复壮作用。主要用于控制树冠和辅养枝，骨干枝或老树更新复壮，及改良树体的通风透光等。

①下垂枝组回缩 枝轴下垂枝过长，应回缩到中后部分枝处，以恢复枝组的生长势，形成中小枝组(图 5-2)。

②多年生大型枝组回缩 为了复壮枝组的生长势，可在有分枝处适当回缩(图 5-3)。

③开张骨干枝角度 骨干枝的先端有两个生长势相似的枝条时，利用背后枝作延长枝，将背上直立枝回缩(图 5-4)。

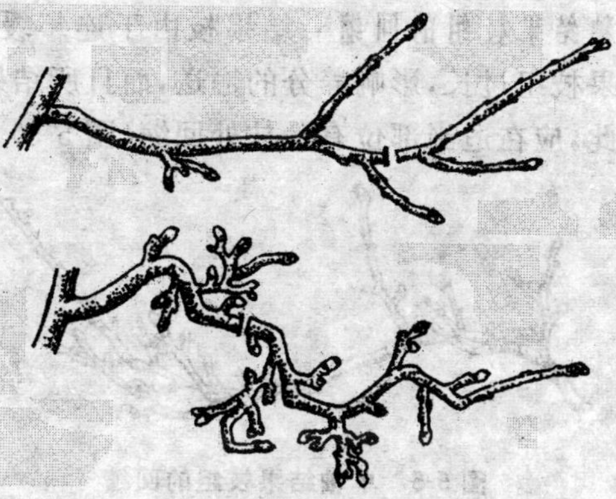

图 5-2　下垂枝组回缩

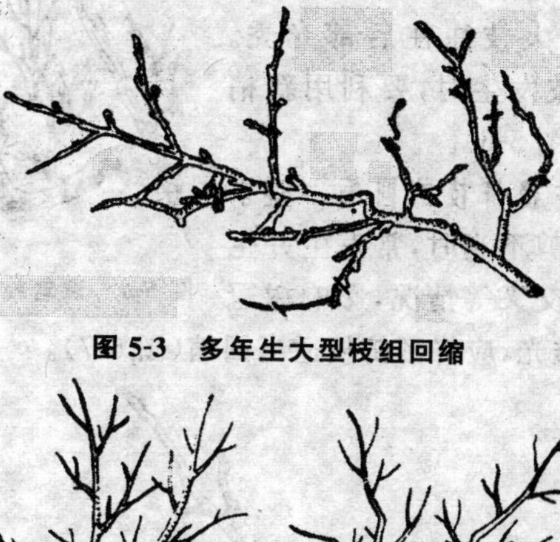

图 5-3　多年生大型枝组回缩

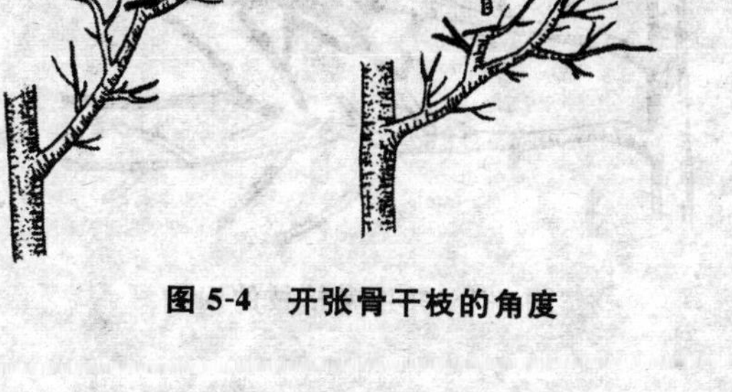

图 5-4　开张骨干枝的角度

④单轴结果枝组的回缩 结果枝由于连年缓放，所形成的单轴结果枝组过长，影响养分的输送，而且所结果实的质量也差。因此，应在适当部位有分枝处回缩(图 5-5)。

图 5-5 单轴结果枝组的回缩

⑤衰老枝的更新 进入衰老期的大树，大枝往往后部光秃。当有更新枝发生时，要利用新梢回缩复壮(图 5-6)。

图 5-6 衰老枝的更新回缩

⑥并生密挤枝的回缩 盛果期的树，修剪不当时，常发生并生枝条密挤、交叉等情况，影响树冠内的通风透光，应将密挤枝适当回缩(图 5-7)。

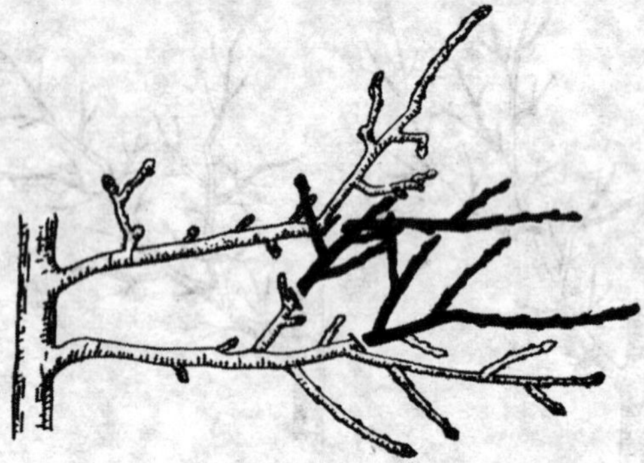

图 5-7 并生密挤枝的回缩

⑦**辅养枝的回缩** 辅养枝过大、过长，影响主枝生长时，应回缩，给主枝让路(图 5-8)。

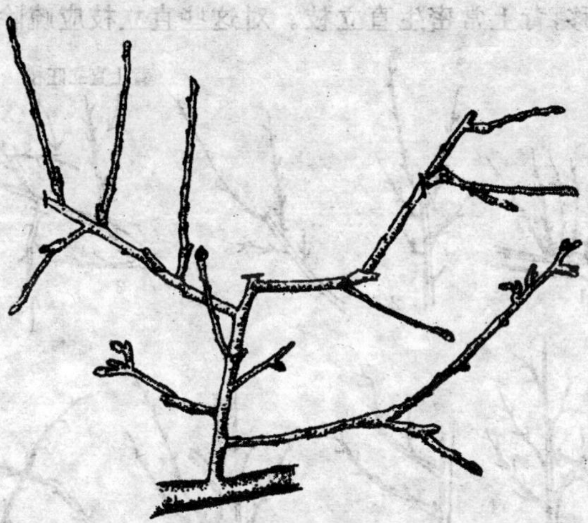

图 5-8 辅养枝的回缩

(3)疏 剪 是指将一年生枝或多年生枝从基部疏除。疏剪的主要作用，在于减少分枝，疏除过密枝、细弱枝、病虫枝和竞争枝，从而改善树冠内的通风透光条件，并能减少养分的消耗，以恢复树势和保持良好的树形(图 5-9)。

①**丛生枝的疏剪** 大枝背上剪锯口的丛生枝，有空间的可适当留 1～2 个，而将其余的均疏除，以免消耗养分。

②**竞争枝的疏剪** 为增强骨干枝延长头的生长势，其生长的竞争枝应疏除。

③**下垂枝、逆行枝和平行枝的疏剪** 这类枝条多是由于修剪不当而发生于内膛和外围。从调理树形和通风透光方面考虑，应适当疏除。

④**萌蘖枝的疏剪** 地表主干处滋生的萌蘖枝，不仅无用，

而且消耗养分，应当全部疏除。

⑤背上直立枝的疏剪 当一枝条变向拉平以后，顶端优势则转移，背上常密生直立枝。对这些直立枝应疏除一部分。

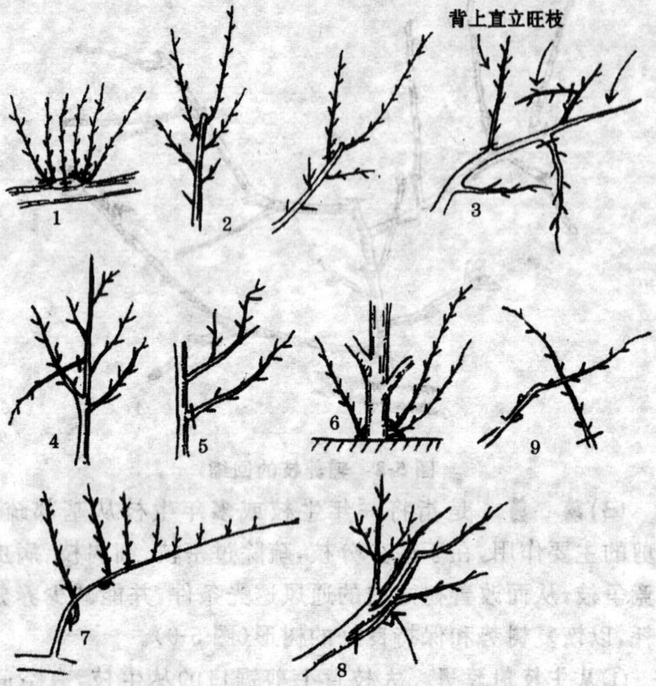

图 5-9 各种不同生长状态枝条的疏剪

1. 丛生枝疏除 2. 竞争枝疏除 3. 下垂枝疏除 4. 逆行枝疏除 5. 平行枝疏除 6. 萌蘖枝疏除 7. 背上直立枝疏除 8. 并生枝疏除 9. 交叉枝疏除

⑥并生和交叉枝的疏剪 由于某种原因，出现几个大枝并生或交叉时，应疏除其中的弱小或地位不当者。

⑦徒长枝的疏剪 梨树隐芽受某种刺激后，能萌发形成

徒长枝，在有空间时，可以对其短截，把它改造成结果枝组；当无空间时，则应疏除，以免消耗养分和影响通风透光。

⑧过多主枝的疏剪 对于过多的主枝，应选择方位好的加以保留，将其余的逐年疏除。

⑨短果枝群花芽的疏剪 为复壮短果枝群，将细弱、下垂和过密的花芽疏除，以保持短果枝群的结果能力(图 5-10)。

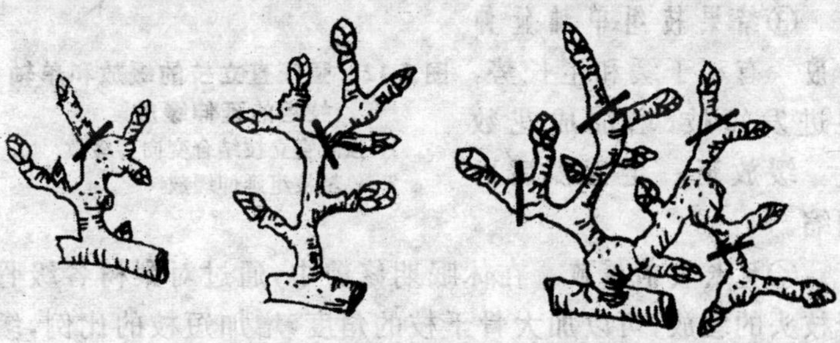

图 5-10 短果枝群花芽的疏除

(4)缓　放 也叫长放或甩放，即对一年生枝不剪，任其自然延伸生长。缓放对增加枝的生长点和全树的总生长量有好处。缓放在幼树和初结果树上应用较多。

①平斜中长枝的缓放 有利于短枝的形成，使平斜中长枝较早地停止生长，从而提高成花比例和单株产量(图 5-11)。

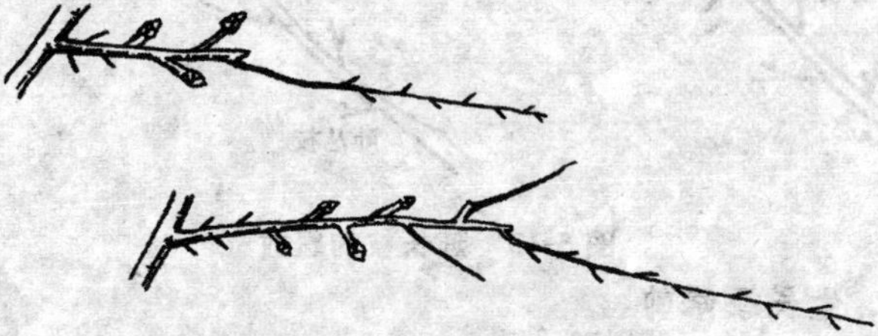

图 5-11 平斜中长枝的缓放

②强旺直立枝的缓放 先把枝条拉平再缓放。进行强旺枝的缓放，应注意角度和部位，对与主枝延长枝相平行的枝条应加大角度（图 5-12）。

③结果枝组单轴延伸缓放 有利于缓和生长势，促进发短枝，增加成花数量。缓放至一定程度后再回缩。

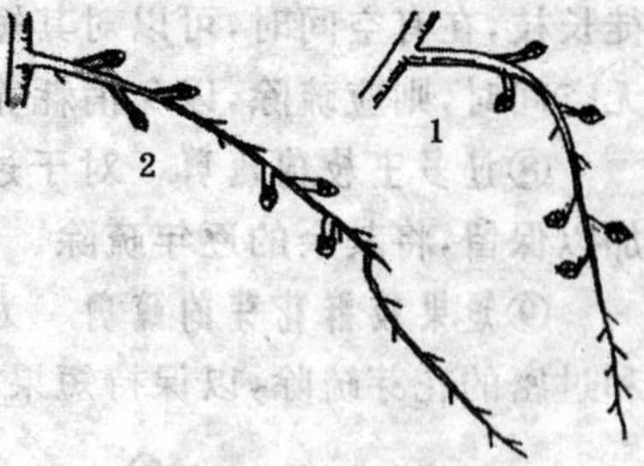

图 5-12 强旺直立枝的缓放和单轴枝组的延伸缓放

1. 强旺直立枝结合变向再缓放
2. 单轴枝组延伸缓放

④延长枝的缓放 在休眠期修剪中，通过对梨树各级骨干枝头的缓放，可以加大骨干枝的角度，增加短枝的比例，缓和生长势（图 5-13）。

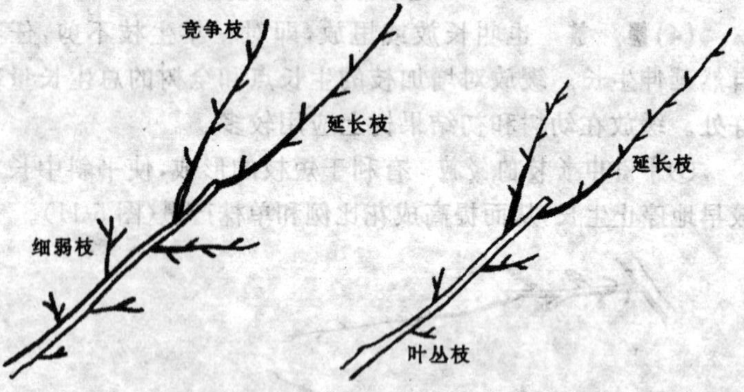

图 5-13 延长枝的缓放

2. 生长季修剪

生长季修剪，也叫夏季修剪。是指从梨树春季萌芽后到秋季落叶前这段时期所进行的修剪。生长季修剪处于枝梢生长变化期，能够随枝、叶、果实的生长情况，及时调整和解决各种矛盾，保证生长结果的正常进行。所以，生长季修剪已越来越引起重视，并且在用工和时间上超过冬季修剪。这期间动用剪子较少，主要修剪措施为目伤和段刻、抹芽、摘心、拿枝、开角和环割等。

(1)目伤和段刻 是指在芽、枝的上方或下方用刀横切皮层，使切口深至木质部的一种修剪措施。萌芽前，对缺枝部位的芽上方进行目伤，可促进萌发新枝。为了抑制某芽的生长，可行下目伤。对长放枝每隔10厘米进行段刻，可促生短枝和花芽(图5-14)。

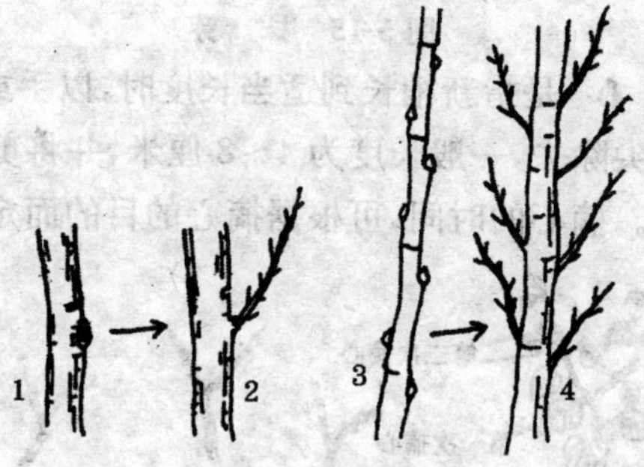

图5-14 目伤和段刻

1. 春季萌芽前，在芽的上方0.5厘米处刻伤成月牙形切口 2. 促使芽萌发长枝 3. 幼树刚定植时，为使主干上多萌发芽而进行段刻，每15厘米刻伤一道 4. 促进芽萌发

(2)抹 芽 当春天梨树刚刚萌芽时，就把发生在锯口下、弯枝弓背处、拉平枝背上容易发生徒长枝的萌芽及早抹去。抹芽的主要目的在于节约树体内的养分，改善光照条件，提高留用枝的质量(图5-15)。

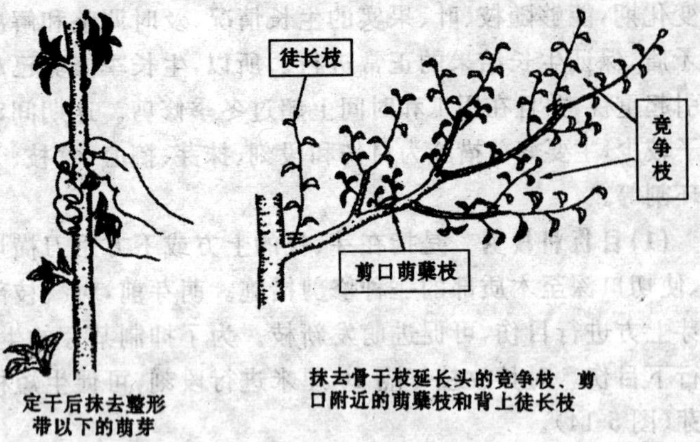

图 5-15　抹　芽

(3) 摘　心　是指新梢长到适当长度时，以手或剪刀将新梢最先端的顶尖除去，一般长度为 4～8 厘米，并将剪口下1～3 片叶剪留半叶。摘心的时间，可根据摘心的目的而定(图 5-16)。

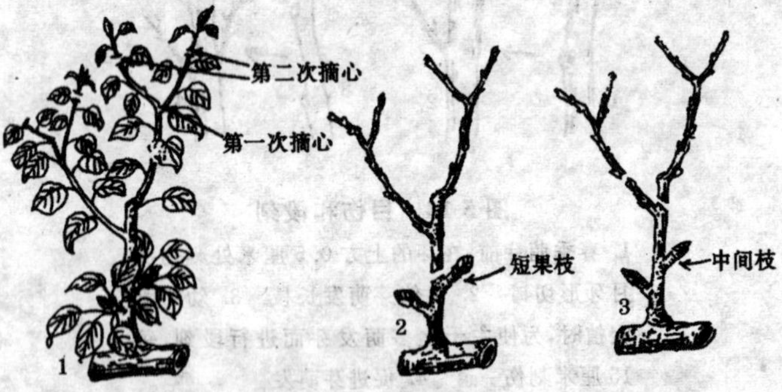

图 5-16　摘　心

1. 中长旺枝经摘心后，养分得以集中，下部两个中间枝形成短果枝
2. 冬剪时，留两个短果枝开花结果，将上部剪去　3. 冬剪时，如两个中间枝未形成花芽，可留预备枝，翌年即可形成花芽

①促进新梢侧芽的发育　如果新梢任其自然生长，养分多集中在顶端生长点，下部的侧芽往往发育不良。摘心后，新梢暂停生长，养分集中在已形成的新梢组织内，侧芽发育饱满充实，翌年可萌发较多的中短枝。

摘心的时期是，当新梢长 20～25 厘米时，进行第一次摘心，摘心后发出副梢，当副梢长 10 厘米时，再进行第二次摘心。

②促进结果枝组的形成　一年生枝开春萌发多个新梢，往往上部形成强枝，下部形成弱枝。当上部强枝的新梢长达 20～25 厘米时，进行摘心，可以抑制强枝的生长，下部弱枝就可以得到充足的养分，有利于形成结果枝组，而且这些结果枝组靠近主枝。

③调节主枝的生长　在幼树整形过程中，当强旺主枝到了一定长度后进行摘心，能促进其他较弱的主枝生长，从而使各主枝间发育平衡。另外，对细长的主枝摘心后，可使其充实饱满。

④促进果实肥大　新梢摘心后，能使更多的养分集中在果实上，促进果实发育。

(4)拿　枝　是指在 7 月份新梢已经木质化时，用手握住枝条，从基部开始弯折，静听有断裂声即可，但不要折断。然后，每隔 5 厘米弯折一下，直到枝顶。如枝条过旺，可连续弯折几次，枝条即可弯成水平状或下垂状。拿枝可以改变枝条的姿势，缓和枝梢的生长势，促进花芽的形成(图 5-17)。

(5)开角和变向　梨树极性生长较强，冬季枝条较硬。5～6 月份枝条变软时，可通过拉枝、撑枝、坠枝和别枝等方法，千方百计地将枝条改变方向和开张角度。

①拉　枝　用塑料绳或麻绳等绳子，将其一端绑上木桩，楔入地下，将另一端拴在骨干枝的适当部位，使其拉开一定的角度。经过一个季节的生长，待其角度固定后，再解除拉绳

(图 5-18)。

②撑　枝　新栽幼树的枝条极易直立并抱团生长，可用牙签在枝条基部撑开。或用竹子做成相当于织毛衣粗细的针，长度为 7 厘米，两端极尖，在分枝基角处，扎入树皮固牢。

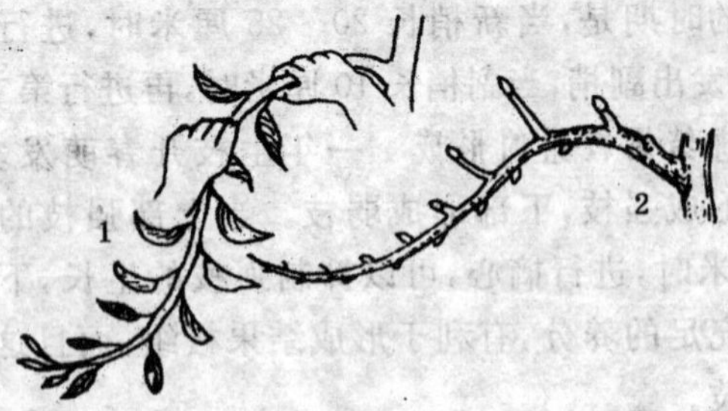

图 5-17　拿枝

1. 拿枝过程　2. 经过拿枝变向，发出较多短枝

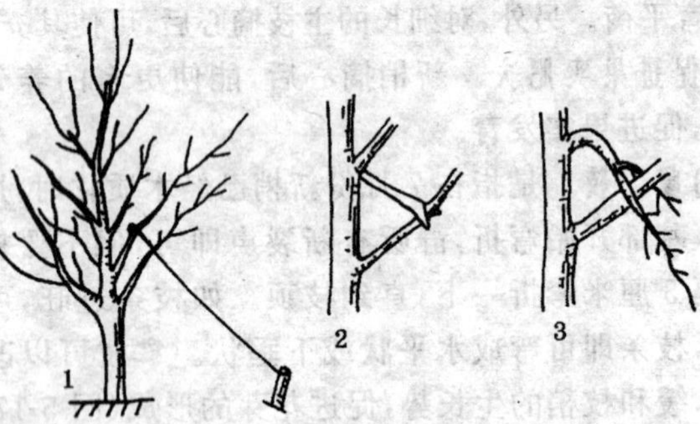

图 5-18　拉枝与撑枝

1. 拉枝　2. 支棍撑枝　3. 活支柱

③别　枝　将背上直立旺枝卡别在其他枝条上，使其改变方向。或用 15 厘米长的 8 号铁丝，弯成"W"形，别在新梢的基部，使它改变方向生长(图 5-19)。

图 5-19 坠枝与别枝

④坠 枝 用编织袋等装上适当重量的土，挑挂在一年生枝条上，将枝条拉平。

(6)环割和环剥 环割和环剥适用于生长过旺的树、结果不良的树或枝，弱树弱枝不能使用。通过环割和环剥，可切断上部叶片制造有机营养物质的向下运输，将营养阻存于枝条上部。这对形成花芽、果实增大有明显的作用。环割和环剥的时期，应安排在树体处于旺盛生长状态时。操作前，要最后灌足水，以利于伤口的愈合。为提高坐果率，可在盛花期进行。为促进花芽分化，在华北地区宜在 5 月下旬至 6 月上旬进行(图 5-20)。

环割，是用小刀或专用环割刀，将枝条或主干环切一周，切口深至木质部。环割所起的作用，时间短，效果较差，但比较保险。一次环割收不到效果，一周后可再割一次。但是，一次只能割一道，尤其在主干上，不可同时切 2～3 道。

环剥，就是在枝条或主干基部，先环割两道，深到木质部，再剥去两道之间的韧皮部(树皮)。环剥宽度以枝条或主干直径的 1/10 为宜，一般为 2～3 毫米。环剥时应注意：①操作时避免对形成层造成损伤，不要用手触摸环剥口的黏液；环剥后，要用纸或塑料薄膜包扎好伤口。②操作后 20 天内，对环剥口处不能喷抹波尔多液或福美胂等农药。③环剥愈合期一般为 25～30 天，如果效果不明显或很快愈合，可在 1 个月后于环剥口附近再环剥一次，但两次不能重叠交叉。④主干环剥时，若控制不好易死树或使树势严重衰弱，故应慎用。⑤环剥对梨树的花芽形成具有明显的促进作用，使用时如结合开角，则效果更佳。

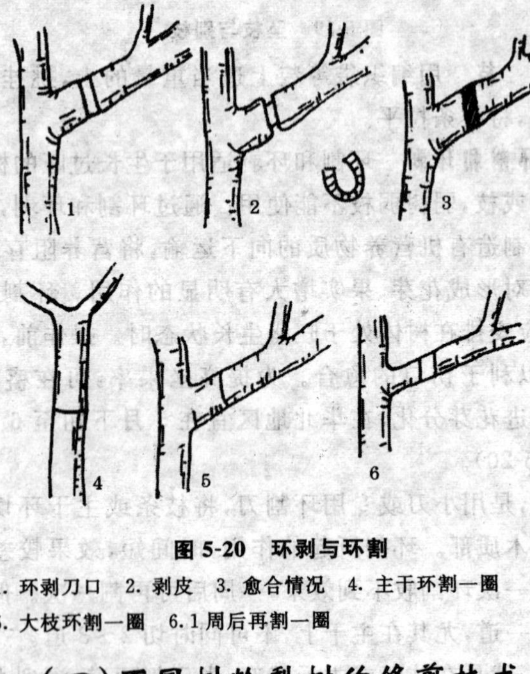

图 5-20　环剥与环割

1. 环剥刀口　2. 剥皮　3. 愈合情况　4. 主干环割一圈
5. 大枝环割一圈　6. 1 周后再割一圈

（四）不同树龄梨树的修剪技术

1. 幼年期梨树的修剪

从整形开始，就应采取以整形为主的提早结果的修剪方法，使之早结果，以果压树，控制树冠过大。一般 3～4 年即结果，4～5 年即有相当的产量，7 年左右即成形。有些开始结果晚的品种及生长易旺的树,如蜜梨、明月、康德和胎黄梨等,对旺枝要进行环剥或拉开后再进行夏季修剪,以使之提早结果。密植树更要使其早结果。为了形成较早较多的枝叶,在开始1~2年要多短截,使之多发枝。然后采用促使结果的各种措施,第三、第四年即可见花结果,并加强肥水管理,使梨树有一健壮的基础。

(1)区别对待分化枝 由于多留多放,留用枝很快分化。在零乱多枝的树冠中,根据骨干枝的安排,逐步选留大、中型枝组,小型枝组随大、中型枝组的安排,见缝插针地留用,逐渐疏去不必要的枝。在整形过程中,不宜留果过多,要留有余地。就一个枝来看,确定要疏的,充分长放,使之多结果后再疏去。确定改小的,应适当多放,使其担负较多果实后回缩改小,才不致压而不服。对大辅养枝,要为主枝逐年让路,应分年回缩。要根据大枝的发展,边看边利用边回缩,甚至有时缩了又放。但培养大、中型枝组的,要尽量使其少结果,放少截多,以保证壮枝壮芽当头。对弱枝组和要以小改大的枝组,要长放养枝,不让结果,放1~2年养壮后再行缩截。反之,对强旺枝则要先截后放。截后所发的枝,要延伸的则应再短截,其他枝可再长放,使之结果。对预备枝按强弱短截,要量枝留果,留有余力,保持稳健长势,而不致与分枝间强弱悬殊,轴枝粗壮而分枝瘦弱,成为单轴延伸、分枝很少的大枝组。因此,这种大枝组培养过程中允许结果的枝,都是要回缩的原带头枝,或基部中庸枝,或准备改为大枝组中拟培养小枝组的枝。随着定型枝的增多而结果增多。以后放放缩缩,截、放、缩结合,时抬时压,控制当年挂果过多,以延缓衰老。

(2)培养健壮短果枝群 梨的短果枝群一般每年可分两杈,为培养健壮短果枝群,要每年留壮去弱,一个短果群应在

3～5 年才培养完成，最多不宜超过五个分叉枝。以后每年留壮芽结果，一个短果枝群，不宜超过两个挂果枝。

(3)控制结果，增加枝叶量　梨树成花较易，一般长放后都能成花，而梨树发枝少，所以一定要控制结果，保证枝叶量增加。在整形过程中，要迅速增长枝叶量，在枝量足够的基础上，既不宜长放过多，也不宜短截过多。表 5-1 表明：在以短截回缩为主、修剪较重的情况下，鸭梨从 4～12 年生，9 年累计干截面积增长了 181.69 平方厘米，株产量累计 734 千克；而在多留长放、骨干枝延长枝短截、非骨干枝为骨干枝让路重短回缩情况下，鸭梨 9 年累计干截面积增长了 225.77 平方厘米，株产量累计 1 262.25 千克；而在 4 年整形后不修剪的情况下，鸭梨 9 年累计干截面积增长了 225.17 平方厘米，株产量累计 1 757.93 千克。同时，在三种不同修剪的情况下，叶面积、总枝量和单果重亦不同。其中，以 4 年整形后不修剪情况下的叶面积、总枝量最大，但单果重最小；而在多留长放、骨干枝延长枝短截、非骨干枝为骨干枝让路重短回缩，即轻重结合修剪的情况下，各项测定项目都比较适当。

一般乔化树，要求每 667 平方米产量达 3 000 千克以上时，则平均每株总枝量要求达到 2 500～3 500 个，每 667 平方米总枝量在 7 万个以上，叶面积系数达 3.5 以上。发枝力弱的，长梢应占 10%以上，亦不宜超过 15%(如鸭梨等)。发枝力强的，不宜超过 20%(如茌梨)，一般要求保持 14%左右。长梢不宜集中分布于外围，而要求前、中、后都有。后部留下的长梢，要每年短截，交替留放、留截，保留长梢位置。从这些长梢的生长，可反映出后部的光照与营养状况，从而改进修剪。对短果枝寿命短的，不易自行更新品种(如茌梨)，还要适当多留几个后部长梢，以备更替衰老的短枝。对于那些早

表 5-1 鸭梨对三种不同修剪措施的反应

处理	测定项目（株平均值）	树龄 4	5	6	7	8	9	10	11	12	合计
以短截回缩为主修剪较重	截干面积增长（平方厘米）	11.28	14.25	18.90	20.76	22.45	17.27	31.97	35.94	8.87	181.69
	叶片数			3428		4690				13724	
	总叶面积（平方厘米）			24.78		26.46				82.29	
	平均单叶面积（平方厘米）			72.3		56.4				60.0	
	总枝量	219	280	257	407	820	879	1465	2846	2344	
	株产量（千克）		21.42	33.09	63.4	93.04	117.25	149.17	179.67	79	累计 734
	平均果重（克）		228.0	254.5	172.0	250.0	191.1	183.3	139.8	236.2	
多数长放，骨干枝延长枝短截，非骨干枝为骨干枝让路重截回缩	截干面积增长（平方厘米）	11.63	15.65	19.81	30.06	16.47	17.87	55.47	41.28	17.58	225.77
	叶片数			8594		13685				19026	
	总叶面积（平方厘米）			58.2		62.35				99.83	
	平均单叶面积（平方厘米）			68.1		47.8				52.5	
	总枝量	229	448	829	1517	1840	2175	4579	4162	3243	
	株产量（千克）		48.37	90.84	119.57	169.57	165.59	249.5	202.67	216.16	累计 1262.25
	平均果重（克）		208.5	208.5	156.7	134.0	169.3	148.0	150.7	236.8	
4年整形后不剪	截干面积增长（平方厘米）	12.84	19.83	25.63	29.02	17.43	34.29	33.95	42.98	9.00	225.17
	叶片数			11249		17312				34575	
	总叶面积（平方厘米）			62.43		70.13				126.85	
	平均单叶面积（平方厘米）			55.5		40.5				36.7	
	总枝量	169	561	1432	2329	2930	3142	4944	5598	6617	
	株产量（千克）		102.42	142.94	211.14	241.57	259.7	276.68	272	251.5	累计 1757.93
	平均果重（克）		180.8	215.1	141.0	149.9	113.5	140.2	123.4	167.2	

期易形成短果枝及短果枝群结果的品种，常常表现早期丰产，年年结果，如雪花梨、鸭梨和日本梨的多数品种，特别是祇园等品种，即是如此，要特别重视树冠发育、枝叶量基础，控制挂果量，每一短果枝群留一壮花芽结果。其他芽可去花留叶。一定要为丰产打好基础。

2. 盛果期梨树的修剪

盛果期梨树的修剪，应注意下列几点：

(1)疏、截、放、留相结合 盛果期梨树的各骨干枝，在封行以后，尤其是密植树，枝梢容易上翘，造成前旺后弱，内膛早秃。所以，在树冠封行后，可不留延长枝，而用延长枝下的斜生枝代替顶梢，使之不外伸。为防止前旺，可在旺处适当疏枝，换开张枝为延长枝。或适当挂果以控制。盛果期梨树如在主侧枝前部挂果，则枝头逐渐下垂，生长转弱，这种情况可换斜上枝为延长枝，抬高角度。也可用在主枝下垂后由弓背处自然发生的斜上枝，培养成向外延伸的主枝，原下垂部分，可使其成为裙枝，以增加产量。当内膛新梢短截反应弱时，表明内膛营养不良，风光不好，说明主枝延伸过远，或后部挂果过多，或前部枝条过旺，应分别原因，加以克服，适当回缩，并对附近枝组亦适当配合缩剪与短截。梢角小的，应调整梢角。总之，要使主枝有效枝多，分布均匀，内外势均。对枝组要继续培养。要注意枝组中结果的枝数与挂果量，不准超量。要留足预备枝，并分别适当长放和短截。一个母枝结果 6～8 年，即要更新。枝组始终要用壮枝壮芽当头，年年要使发新枝。枝组间要计划安排好，用轻缩和适当多截与多放，以便各枝间生长结果关系协调，使之保持有较耐久的生产能力。盛果期中，一般采取内膛多截，弱枝长放养壮后再截，外围多疏，中前部适当多留果的修剪办法。后部留用的预备新梢，要分批短截，此放彼截，保证每年有一定的新梢数，以备更替内膛衰老枝组。特别是自身不易更新复壮的枝，必需利用附近长梢来填补，更要注意保留新梢。梨树对修剪反应不及苹果敏感，一般不易发生跑条，长放可很快结果，短截即可改成枝组。

(2)主要采用"三套枝修剪法" 梨树进入盛果期，一般修剪量不大，主要用留花果的"三套枝修剪法"。对容易年年结果的树，注意结果枝的周转和留壮去弱。对短果枝中容易形成花多叶少的品种，留壮花芽结果，其他进行破芽剪，或来年萌芽至花蕾分离时，疏去花序留叶。所有枯枝、瘦弱枝都应疏除。

(3)保持枝条生长势 盛果期的梨树容易形成花芽。对有大小年之分，在小年中，长、中、短枝上几乎都有花芽的品种，如短果枝量足，周转亦够时，则对着生腋花芽的长、中果枝，进行不留花短截或剥去其花芽。特别是当头枝，在一般情况下，要剥去花芽，进行短截，以保证枝的生长势力。由于养分分配的局限性，挂果不宜集中在少数大枝上，实行大枝轮流息枝。如果挂果部位过于集中在某些枝或几个大枝上，这样伤枝伤树，产量低，而且果小品质亦差。所以，一定要使挂果部位均匀分布。

（五）常用树形的结构及整形技术

1. 自由纺锤形

该树形适于密植梨园采用。一般行距 3.5～4 米，株距 2～2.5 米，每 667 平方米栽植 67～95 株（图 5-21）。

(1)树体结构 树高不超过 2.5～3 米，干高 60 厘米左右。在中心干上着生 10～15 个小主枝，从主干往上螺旋式排列，间隔 20 厘米左右，插空错落着生，均匀伸向周围，同侧两个小主枝间距 50 厘米左右。小主枝与主干的夹角为 70°～80°,在小枝组上直接着生小结果枝组。小主枝的粗度小于着生部位主枝的 1/2,结果枝组的粗度不超过小主枝粗度的 1/2。

图 5-21　自由纺锤形树体结构

(2)整形修剪　定干高度 80 厘米左右,中心干直立生长。第一年,在中心干 60 厘米以上选 2～4 个方位较好、长度在 100 厘米左右的新梢。在新梢停止生长时进行拉枝,一般拉成水平状态,将其培养成小主枝。冬剪时,将中心干延长枝剪留 50～60 厘米。第二年以后,仍然按第一年的方法继续培养小主枝。将小主枝上离树干 20 厘米以内的直立枝疏除,其他的根据培养枝组的要求,通过扭梢等方法使其变向;无用的疏除。中心干延长枝剪留长度要比第一年小,一般为 40～50 厘米。经过 4～5 年,该树形基本成形,中心干的延长枝不再短截。当小主枝已经选够时,就可以落头开心。为保持 2.5～3 米的高度,每年可以用弱枝换头,维持良好的树势,并注意更新复壮。

2. 小冠疏层形

该树形是梨树生产中常用的树形之一，多用于中度密植梨园。一般株距 3～4 米，行距 4～5 米，每 667 平方米栽植 35～56 株(图 5-22)。

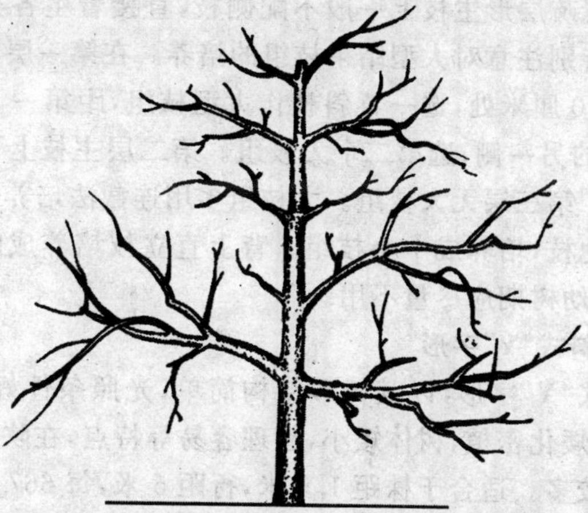

图 5-22 小冠疏层形树体结构

(1)树体结构 树高 3 米左右，干高 60～70 厘米，冠幅 3～3.5 米，树冠成半圆形。第一层主枝 3 个，层内距 30 厘米；第二层主枝 2 个，层内距 20 厘米；第三层主枝一个。第一层与第二层主枝间距 80 厘米左右，第二层与第三层主枝间距 60 厘米左右。主枝上不配备侧枝，直接着生大、中、小型结果枝组。

(2)整形技术 定干高度 80～90 厘米。定植后两年内，在基部三个方向选出三个主枝，主枝间的水平夹角以 120°为最佳。在中央干上距第三主枝 80 厘米左右处，选出方位适当的第四、第五主枝。在距第五主枝 60 厘米处，选第六主枝，其位置最好在北部，以免影响下部的光照。主枝配齐后，及时落头开心。定植后的前几年，根据树冠生长情况，对中央干和主枝延长枝进行短截或长放。主枝要及时拉枝开角，基角为50°，腰角为70°左右。

小冠疏层形主枝上一般不配侧枝，直接着生各类结果枝组。应特别注意对大型结果枝组的培养。在第一层主枝上距中央干50厘米处，选一背斜枝作大型枝组，距第一个大枝组50厘米的另一侧，选第二个大枝组。第二层主枝上可选一个大枝组。第三层无大枝组。大枝组多用连截法培养。将主枝上的其他枝，培养成中小枝组。背上直立枝培养成的枝组不易控制，幼树期应尽量不用。

3. 斜式"Y"字形

斜式"Y"字形，以其树形结构简单，光照条件好，容易培养，易于矮化密植，树体矮小，管理容易等特点，在陕西省礼泉县应用较多。适合于株距1.5米，行距5米，每667平方米栽85～95株的密度栽培。其树体结构是：主干高70厘米。二主枝开心形。主枝腰角为70°，大量结果时达80°，二主枝与行向斜交成45°角左右。主枝上直接着生中、小型结果枝组（图5-23）。

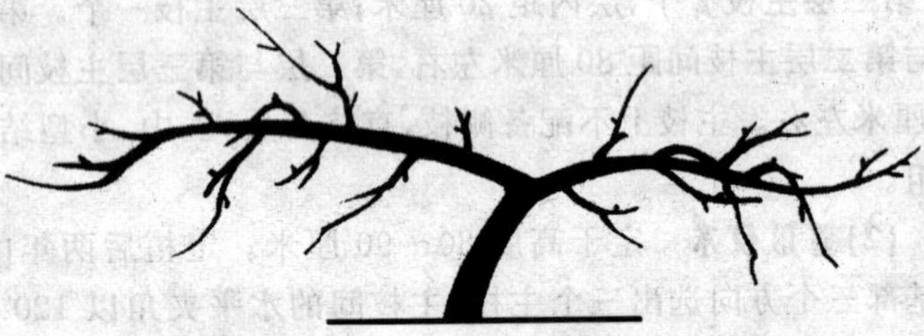

图5-23　斜式"Y"字形树体结构

4. 单层高位开心形

该树形适合乔砧密植梨园，具有成形快、结果早的特点。已在河北等省梨产区推广应用。一般株距2～3米，行距4～5米，每667平方米栽植45～67株（图5-24）。

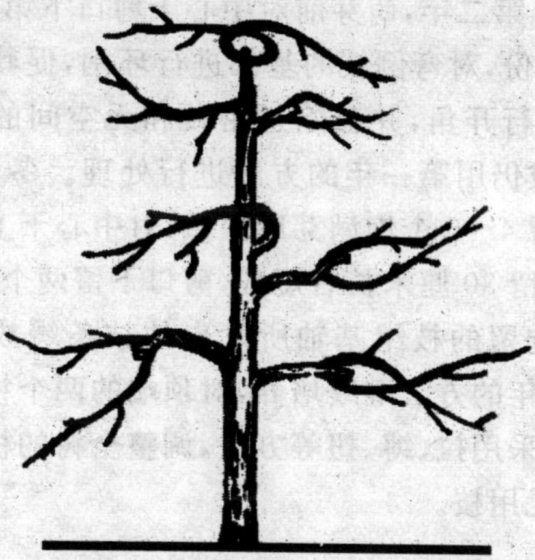

图5-24 单层高位开心形树体结构

(1)树体结构 树高3米以下，干高60～80厘米，中心干高1.6～1.8米，树冠厚度3米左右。在中心干上均匀插空排布伸向四周的枝组基轴和长放枝组，枝组基轴长约30厘米，每个基轴上分生两个长放枝组，全树共着生10～12个大型长放枝组。落头开心后，最上部两个枝组反弓弯拉倒成90°角，并垂直伸向行间；下部枝组基轴和枝组与中心干的夹角为70°左右。全树枝组共为一层。在距地面1.6～1.8米处高位开心，故称单层高位开心形。

(2)整形技术 定干高度为100厘米左右。剪口下第一芽方向全行要一致。萌芽后，抹除主干40厘米以下的萌芽。生长期对新梢开张角度。对于顶端的竞争枝进行反弓弯曲，或用竞争枝代替原头，将原头反弓拉倒，培养成长放枝组。第一年冬剪时，对中心干延长枝留30～50厘米，即4～6个饱满芽后短截。对于其余一年生枝条，选位置、长势较好的枝条，留30厘米长后短截，剪口下留两个侧生饱满芽。对弯倒的枝条进行缓放。第二年，萌芽前对中心干剪口下第三、第四芽进行目伤。5月份，对弯倒枝的基部进行环割，促其尽早形成花芽。7月份进行开角，并疏除过密枝和无空间的竞争枝。对顶端的竞争枝仍用第一年的方法进行处理。冬剪时，仍对中心干延长枝留4～6个饱满芽后短截，对中心干上长势较好的一年生枝条，留30厘米长后短截，剪口下留两个侧生饱满芽，并对第一年选留的枝组基轴所发出的枝条缓放不剪。第三年，仍按第二年的方法继续培养，对顶端的两个枝条反弓平拉向行间；通过采用拉、缚、扭等方法，调整全树的枝角。及时疏除内膛过密无用枝。

第六章　花果管理

一、认识误区和存在问题

花果管理，是在做好梨树的地下管理和整形修剪工作之后，生产高档梨果的关键措施。进行花果管理，包括疏花疏果、人工授粉、果实套袋、植物生长调节剂的使用，以及叶面喷肥等管理工作。

随着国民经济的增长和人民生活水平的提高，人们对梨果的质量要求越来越高。为提高梨果质量，生产者对花果管理也越来越重视。但是生产者在花果管理中也存在以下误区和问题：

在梨树的疏花疏果方面，有的生产者认识到了疏花疏果的重要性，但对于梨树负载量的多少没有理性的认识，往往是疏花疏果不到位，留果过多。另外，对于疏花的时期也把握不好，不是过早，就是过迟。

在人工授粉方面，大部分生产者都了解授粉树配置的意义，也能做到合理配置授粉树。有人看到一般情况下在配置合理的授粉树后，通过自然授粉就能达到所需要的经济产量，因而感到没有必要再进行人工授粉。其实，在生产高档梨果时，自然授粉的优质果率要比人工授粉的低得多，人工授粉质量高，果实中种子数量多，在促进果个增大、端正果形及提高果品质量方面，效果显著。

二、花果管理技术

(一)人工辅助授粉

梨树的绝大多数品种自花不实,有些品种就根本没有花粉,如黄金梨和新高等。如果授粉树配置不当,传粉昆虫少,或者花期遇到不良气候条件,如低温、霜冻、阴雨、大风和高温干燥等,均会导致授粉不良,坐果率低,从而造成大幅度减产。通过人工辅助授粉,不仅可有效地提高坐果率,达到丰产稳产,而且幼果生长快,果实个大,果形端正。

1. 花粉制备

花粉最好取自适宜的授粉品种,也可应用多个品种的混合花粉。采花应在开花前1～2天至初花期,分次将已经充分膨大的花蕾和初开的花朵摘下;采花过早,花粉粒不充实,发芽率低;采花过晚,花朵开放,花药已经散粉。

采花后运回室内,摘去花瓣,两手各持一花,将两花互相摩擦,使花药脱落。操作时,注意不要将花药碰破,否则花药不能散粉。然后,捡去花丝、花瓣等杂质,将花药送到干燥室,进行干燥散粉。

干燥室,可用一般的住房代替。室内搭设木架或木床,床面上铺纸。干燥室要求干燥,通风,室温保持在20℃～25℃,最高不超过28℃,空气相对湿度为50％～70％。把花药摊放在纸上,越薄越好。一般经过22～24小时,花药即可开裂,散出黄色花粉。花粉干燥后,装入广口瓶内,放在低温、干燥、黑暗的地方,暂时存放。最好放在干燥器内,温度控制在2℃～8℃。

一般1千克鲜花(有4 000～5 000朵),可采纯净干花粉

10 克，可供生产约 5 000 千克梨果的花朵授粉。为了节省花粉，在花粉内可加入 1～4 倍滑石粉或淀粉作填充剂，过 3～4 次细筛，除去杂质，使其充分混合，然后分装小瓶内备用。

2. 人工点授

点授工具可选用毛笔、软鸡毛、带橡皮的铅笔、纱布团和纸棒等。其中以纸棒最为经济和简便。纸棒可用旧报纸制作。先将报纸裁成 15～20 厘米宽的纸条；再将纸条卷成铅笔粗细的小纸棒，卷得越紧越好。然后，将纸棒一端削尖，并磨出细毛。点授时，用纸棒的尖端蘸取少量花粉，在梨花的柱头上轻轻一点即可。每蘸一次花粉，可点授花朵 5～7 个。纱布团也是较好的授粉工具。用小块棉花捻在竹签的一端，外包一层纱布，蘸花粉后在柱头上轻点一下即可。

点授时期与坐果率有直接关系。必须适期点授，才能取得较好的效果。就一朵花而论，在开花后 3 日内授粉，坐果率最高，可达 80%以上；第四至第五天授粉，坐果率在 50%左右；第六天授粉，坐果率在 30%以下，已失去实用价值。但全树的花不是同一天开放，一般情况下，是在初花期突击采花粉。盛花初期（开花 25%）便转入大面积点授，争取在 3～4 天内完成授粉工作，第五至第六天进行扫尾，点授晚开的花朵。

点授花朵的数量，应根据每株树开花的多少而决定。一般树上开花枝占 30%～40%时，每花序点授 1～2 个基部花朵，即可满足丰产需要。花量少的树，每个花序可点授 2～3 朵；花量大的树（50%～60%），每隔 15～20 厘米点授一个花序，每个花序点授 1～2 朵花即可。人工点授效果最好，但耗时费工。

3. 机械喷粉

为了提高授粉效率，可采用机械喷粉。具体方法是：将花粉中加入 50 倍的填充剂（如滑石粉等），在盛花期，利用喷粉机进行喷授。喷粉时，要求快速均匀，最好在 4 小时内喷完。也可将花粉配制成花粉液，用超低容量喷雾器朝花朵喷洒，最好在 2 小时内喷完。花粉液的配制方法为：10 升水、0.5 千克砂糖、30 克尿素、10 克硼砂、20 克花粉和 10 毫升展着剂 6501，按比例先把糖溶解在水中，搅拌均匀，同时加入尿素，配成糖尿液；然后加入干花粉调匀，用 2～3 层纱布过滤；喷前加入硼酸和展着剂 6501，使花粉在溶液中分布均匀，迅速搅拌后立即喷洒。一般每株盛花期的梨树，用花粉液 0.2～0.4 千克。机械授粉效率高，但花粉使用量大，因此在生产上，特别是一家一户应用时较困难。

4. 梨园放蜂

在梨树开花前 2～3 天，将蜜蜂放入梨园内，让蜜蜂熟悉梨园情况，待梨花开放时，蜜蜂通过采蜜飞访花朵，便完成了传粉。利用蜜蜂传粉时，有蜜蜂 1 500～2 000 头的蜂箱，可满足 0.5 公顷面积的梨园授粉。蜜蜂活动的范围为方圆 40～80 米的区域。此法适用于授粉树配置合理而昆虫少的梨园，或设施栽培梨园。

近年来，我国河北、山东和辽宁等地，使用野生蜂，如凹唇壁蜂与紫壁蜂，和从日本引进的角额壁蜂进行传粉，坐果效果比蜜蜂授粉还好，而且不需要人工饲养。凹唇壁蜂和角额壁蜂耐低温，在气温为 13℃～14℃时开始飞行访花，但需要用泥筑巢，因此要求梨园附近有水或人工设置泥土；紫壁蜂在气温 15℃～16℃时开始飞行访花，用咀嚼烂的叶片筑巢。因此，放蜂授粉适于干旱山区应用。利用上述三种壁蜂时，均需要在田间人工设巢。

5. 高接授粉树或插花枝

对授粉品种配置不合理和缺少授粉树的梨园，应按授粉树配置比例的高接授粉品种。高接技术可参考本书“老梨园改造技术——高接换种”一节。高接时，可按授粉树的配置比例，每株树上选几枝进行高接授粉品种，或在全园均匀选几棵树、或几行树，全部进行高接。前者效果较好，后者便于管理。

插花枝作为临时性授粉措施，可在开花初期剪取授粉品种的花枝，插在水罐或广口瓶中，挂在需要授粉的树上。如果开花期天气晴朗，蜜蜂、壁蜂等传粉昆虫较多，一般有较好的授粉效果。挂罐应经常调换位置，以便有利于全树坐果均匀。为了经济利用花粉，可把剪来的花枝，先绑在长约 3 米的竹竿顶端，高举花枝，伸到树膛内或树冠上，轻轻敲打竹竿，将花粉振落飞散，进行授粉。然后，再插入水罐内，挂在树上。该法由于每年要剪取花枝，影响授粉树的生长，因此不适宜大面积采用。

（二）疏花疏果技术

疏花疏果，是指人为地去掉过多的花或果实，使树体保持合理负载量的一种栽培技术。若花果量大，通过疏花疏果，可以减少花果对花芽分化的抑制作用，形成足够花芽满足第二年结果所需，克服大小年现象，保证连年丰产；可以集中养分，保证留下的花果发育成优质果；可以调节生长和结果的矛盾，维持树体的健壮生长。在疏花疏果时，要重点疏除位置不好、发育不良的花果、病虫果和畸形果等。

1. 合理负载量的确定

确定合理的负载量，是正确应用疏花疏果技术的前提。

在一定负载量范围内，产量与负载量成正相关。但负载量过大，单果重就会明显下降，产量增加也不明显，有时产量反而会下降。

合理负载量的确定，受品种、树龄、树势、栽培密度和气候条件等多种因素影响，很难用一个简单明确的数字或公式进行精确计算。但是，人们经多年的研究探索和生产实践，提出了一些确定负载量的指标依据，如干周及干截面积法，果台间距法，叶果比法，百枝留果量法和果间距法等。

目前，生产上广泛采用果间距法，即根据果型的大小确定负载量，疏除多余的花果，每个花序留单果，使果实之间间隔一定的距离。一般大果型品种的果间距为25～30厘米，中果型品种的果间距为20～25厘米，小果型品种的果间距为15～20厘米。该法简单易行，容易掌握。

2. 疏　花

当梨树的花枝超过总枝量的50%时，可在花期采用疏花技术。疏花后留下的花枝以占总枝量的30%～40%为宜。疏花时，叶片未展开或展开不多，与疏果相比，操作方便，效率高，效果也较好。但疏花技术只能在具有良好授粉条件的梨园和花期气候稳定的地区应用；在花期常有晚霜、阴雨、低温和大风的地区，疏花易造成授粉不良，不宜使用。

(1)疏花时期　从花蕾分离期至落花前进行，越早越好。这段时间较短，只有十几天，因此要组织好劳力集中突击。

(2)疏花方法　当花蕾分离，能与果台枝分开时，按留果标准，每果留一个花序，将其余过密的花序疏掉，保留果台。凡疏花的果枝，应将一个花序上的花朵全部疏除。这样发出的果台枝，在营养条件较好的情况下，当年就可形成花芽。疏花时，用手轻轻掰掉花蕾，不要将果台芽一同掰掉。应先疏去衰弱和病虫危害的花序，以及坐果部位不合理的花序；对于需要发出健壮枝条的花芽，如目伤部位枝条的顶花芽，应及时将花蕾疏除。总之，疏花应本着弱枝少留，壮枝多留的原则，使花序均匀分布于全树。

3. 疏　果

(1)疏果时期　为了保证适宜的坐果，一般在盛花后 4 周开始疏果，即落果高峰过后、花芽分化开始前进行。对于一些坐果率高、落果极少的品种，可在盛花后 2 周进行。从理论上讲，当幼果能够分出大小、歪正、优劣时，疏果越早，效果越好。但是，在生产实践中还要考虑到品种的自然坐果率和品种的成熟期，以及气候条件等。自然坐果率高的品种早进行，低的品种晚进行；早熟品种早进行，中晚熟品种可适当推迟。

(2)疏果方法　根据留果量的多少，分 1～3 次，将病虫果、畸形果、小果和圆形果疏除，将大果、长形果和端正果留下。疏果时，用剪刀将果实从果柄处剪掉，切勿触碰预留果。最终保留合适的树体负载量，并使保留在树上的幼果合理分布。一般纵径长的幼果细胞数较多，有形成大果的基础，应留纵径长的幼果，疏掉纵径短的果。通常在一个花序上，自下而上的第二至第四序位的果实纵径较长。每个花序留一个果，若花芽量不足时可留双果。

为了减少结果果台的比例，使多余花芽的果台变成空果台，以利于在空果台的果台枝上再形成花芽。因此，疏果时要尽量将一个花序上的幼果全部疏掉。

此外，在保证合理负载量的基础上，应遵循以下疏果原则：壮枝多留，弱枝少留；临时枝多留，永久枝少留；直立枝多留，下垂枝少留；树冠上部、外围多留，树冠下层、内膛少留。

(三)果实套袋技术

随着国内外果品市场的需要趋向优质化和高档化,目前,果实套袋技术作为一项提高梨树果实品质的重要措施,在我国现代梨树栽培中,已得到广泛的应用,有效地提高了果实外观品质和果园的经济效益。

1. 梨果套袋的作用

(1)改善果实的外观品质 梨果套袋后,延迟了果点和锈斑的形成,防止了因果面裸露而形成大而深的果点及锈斑,使果点和锈斑颜色变浅,面积缩小,果面的蜡质增厚,叶绿素减少,使果面细腻光洁。

(2)改善果肉质地 套袋后抑制了果实内多酚氧化酶和过氧化物酶活性,减少了酶类物质和木质素的形成,抑制了石细胞团扩大,使果肉口感细腻。

(3)有效防治果实病虫害,减少用药量 由于果袋(尤其是防虫果实袋)对果实的保护作用,有效地减少了果实的病虫危害,如食心虫、椿象、梨木虱、轮纹病和梨黑星病等生产上常见的果实病虫害得到很好的控制。还可防止鸟害和鼠害等。

(4)防止果实污染 套袋后,农药、灰尘和病菌等不易进入袋内,果实受污染的程度大为减轻,降低了农药的残留量。

(5)延长果实的贮藏期 套袋果实病虫侵染极少,采收时在果袋的保护下,机械损伤也大大减少,并且由于在装箱前才解袋,果实失水少,因此贮藏期间烂果少。由于果袋对光谱波长的选择性适应了梨果的需要,使其出库后表皮不易变褐,延长了货架寿命。另外,套袋果实黑心病的发病率,也远远低于不套袋果。

2. 果实袋的种类

标准的果实袋,不同于过去应用的自制纸袋。制袋原纸是特制的梨果实袋专用纸,具有较强的耐水性和耐日晒能力,一定的色调和透光率标准,制成的袋长时间挂在树上,不变形,不破裂。制作时,将专用原纸经特定配方药剂进行定量涂布,然后制成具有防虫效果的半成品,再用防水粘合剂经专用制袋机加工成型。

目前,梨树的防虫果实袋,按照色调、透光率及配方,可分为 LA、LB 两种类型。使用 LA 型,果实采收解袋后,果面呈浅绿色,贮后则变为鲜黄色;适用于果点较浅,果皮易变褐,采后易变色的品种,特别是采后入库贮藏的鲜梨,应选用此类果实袋。如在采后销售的白梨系统的多数品种,也适用此型袋。使用 LB 型,果实采后果面为浅黄色,适于果点较大而深、果皮不易变褐、着有色彩的品种。砂梨、赤梨品种应使用 LB 型,可使果色变为黄褐或红褐色。

3. 套袋方法

(1)套袋时期 套袋在落花后 15～35 天进行。在疏果后,套袋越早越好。由于果点形成期于落花后 15 天即开始,如套袋过晚,果点已经形成,则套袋防锈以及使果点浅小的效果就会降低。由于某些原因果实套袋较晚,如在落花后 45～60 天才套袋,这时虽然比不套袋果实的果面洁净,但果点较大且深。也就是说,晚套袋虽然也有一定的作用,但没有收到最佳的效果。因此,为充分发挥套袋的综合效果,一定要适时套袋。若在入袋害虫高发区,为发挥袋体的药效,可适当晚套袋。

(2)套袋前的管理 在认真做好疏花疏果的基础上,为防止套袋后病虫侵入果实,套袋前 5～7 天应喷一次杀虫剂和杀菌剂。通常用70%甲基托布津800倍液或5%阿维菌素4 000倍液。如果喷药10天之后，套袋工作仍未完成，就要对未套袋的树再补喷一次农药。

(3)套袋方法 套袋前，为了使纸袋变得柔韧，便于使用，可将整捆果袋放于潮湿处，即用单层报纸包住，在湿土中埋放，或于袋口喷少许水，使之返潮。套袋时，先撑开袋口，托起袋底，使两底角的通气放水口张开，让袋体膨起。然后手握袋口下2～3厘米处，套上果实后，从中间向两侧依次按折扇的方式折叠袋口，从袋口上方连接点处将捆扎丝反转90°角，沿袋口旋转一周扎紧袋口。

套袋时应注意：①切不可将捆扎丝拉下。②捆扎位置宜在袋口上缘下方2.5厘米处。③应使袋口尽量靠上，接近果台位置，果实在袋内悬空，以防止袋体摩擦果面。

4. 果实套袋的配套技术

梨树果实套袋后，树冠内光照强度降低，通风透光条件变差，湿度相对增加，果实周围的小气候也发生了较大的变化，如光照强度变弱、湿度增大等，必然对树体产生一系列影响。如果实外观改善，含糖量降低，花芽形成不饱满等。因此，采用果实套袋必须有与之相配套的栽培技术。

(1)整形修剪 应注意降低树高，减少枝叶量，控制叶幕厚度和叶幕间距，以改善树冠内的光照和通风透光条件。

(2)疏花疏果 果实套袋后，优质果比例提高，经济效益显著。因此，应减少留果数量，以减少果实袋的遮荫。

(3)科学施肥，增加果实含糖量 套袋梨果的含糖量一般会降低1%左右。为了提高果实品质，在果实膨大期，要增施磷、钾肥，对叶面喷施磷酸二氢钾，以便有效地提高果实含糖量；同时，还能充实新梢，促进花芽的分化。

(4)病虫害防治 套袋前，为了防止将某些害虫和病菌套入袋内，必须喷洒一次防治黄粉蚜、梨叶锈螨、梨黑星病等病虫害的高效杀虫杀菌剂。套袋后，应以防治危害叶片和枝干的病虫为主。在果实生长后期，即果实将贴近袋纸时，应注意防治茶翅蝽和麻皮蝽。喷药时，应控制药量，防止药液沿果柄流入袋内，产生果实药害。

（四）花期霜冻的预防措施

当春季气温达到10℃以上，梨花就会开放，14℃以上的气温连续3～5天，就会盛开。花期如果突然遇到晚霜，气温下降到－1℃～3℃，易使梨花遭受冻害。花朵受冻后，花萼出现褐色水渍状斑点，花瓣和雄蕊变为褐色，雌蕊花柱变为黑褐色。在开花前受冻的花朵，往往只有雌蕊受冻，剥开花瓣才能发现。这类花虽能正常开放，但不能结果。梨树花期多在晚霜前，极易受到晚霜危害，做好花期霜冻预防工作十分必要。

1. 改善环境条件

给梨园营造防风林，是改善梨园小气候的有效措施。此外，通过早春灌水，可推迟梨树的开花时间，躲过晚霜的危害，减少损失。但应注意在花期尽量不要灌水，以免降低坐果率。

2. 熏烟法

熏烟，能在烟区形成一个保护罩，减少地面热量散失和冷空气下降，同时烟粒吸收湿气，使水汽凝聚成液体放出热量，提高气温，避免或减少霜冻。熏烟的具体做法是：在梨树花期，注意收听当地的气象预报，当将有霜冻来临时，就要做好防霜准备。将柴草、锯末和秸秆等放在梨园上风头的通道上，每667平方米放6～10堆，每堆25千克左右，均匀摆开。组织好人力，分片专人值班。在距地面1米处挂1个温度计，定时记载温度。霜冻一般出现在凌晨3～5点钟。当气温降到1℃，并且继续下降时，就开始同时点火，燃烧后覆压少量土，使其冒出浓烟，不起火苗。柴草要准备充足，熏烟要到寒流过后才能停止。

（五）梨果锈斑的防治措施

1. 采用科学合理的果袋

梨果套袋后，果实所处的微域环境（温度、湿度等）相对稳定，延缓了表皮细胞、角质层和胞壁的老化，果皮发育稳定、和缓，表皮细胞排列紧密，角质层均匀一致，抑制了酚类物质合成的关键酶苯丙氨酸解氨酶（PAL）、多酚氧化酶（PPO）、过氧化物酶（POD）的活性，木质素合成减少，木栓形成层的发生及活动受到抑制，延缓和抑制了锈斑的形成。

套袋前所喷的波尔多液，必须用优质的石灰配制，勿使制成后发生分离。等量式波尔多液容易污染果面，故宜制成石灰倍量式（3～5倍），充分喷洒果面，至蒂部白色为止。喷药时，还应注意不要使喷雾器靠近果面，以免加重果面污染。喷雾器的压力宜在8 904.4千帕以下。套袋必须在开花后20天完成，最迟不要超过25天。过迟套袋，气孔变成果点，角质层表面易发生龟裂，受雨水或药剂的侵袭而引起果锈。套袋时，果实宜放在袋的中央，并且要使果袋鼓起，减少与果面的接触，以免摩擦。

2. 加强果园肥水管理

开沟排水是预防果锈的根本措施，尤其在果实发育前期的4～6月份控制湿度，搞好园区排水至关重要。因为多湿会使果点上浮，直接或间接助长果锈的发生，破坏角质层表面的色泽。在干旱年份要注意浇水，使果肉细胞正常分裂和增大。

切忌大旱后突然浇大水。果园施肥，要以有机肥为主，结合土壤覆草和种植绿肥，是防止果锈发生的重要方法。对于化肥，尤其是氮肥，要做到平稳使用，切勿忽高忽低；否则，会造成果肉与表皮发育不均衡，表皮组织柔软，从而引起果锈的发生。施肥，应采用少量多次施肥法，同时适当增施钾肥。

3. 其他管理

密植梨园要及时疏枝，改善通风透光条件，勿使过湿，以免抑制果实表皮角质层的正常发育。此外，树叶摇动时摩擦果实，引起果点木栓化扩大，也会增加果锈。疏果时，必须除去附着在果蒂上的花瓣、萼片及其他尘埃等。附着有这些残片和尘埃者，蒂部果锈达 65％。这些附着物自幼果期长期附着在果实上，造成蒂部水湿滞留，引起果实龟裂，进而形成木栓层。

第七章　病虫害防治

一、认识误区和存在问题

在梨果生产中，生产者往往觉得病虫害难以防治，农药使用的浓度越来越高，次数越来越勤，却达不到治虫治病的目的。这是由于生产者防治措施不利、方法不当而造成的。一谈到病虫害防治，果农往往只会想到用什么农药，多少浓度，使用几次，而忽略了其他的重要防治措施。还有就是果农认定了某种农药好用时，就反复使用同一种农药，使病菌、害虫等产生抗药性。

在生产中，果农很少会制定自己的病虫害防治历。病虫害防治历，就是果农每年记录自己果园病虫害发生的时期、危害程度、发生次数以及针对病虫害而采取的措施，包括农业防治措施、生物防治措施和化学防治措施等，而且还要对采取防治措施的时期和效果等进行详细记录。这样果农就会逐渐了解自己果园病虫害发生的规律，以及所采取措施的效果，并制定出适合自己果园的病虫害防治措施。

二、病虫害的综合防治技术

我国于 1975 年在全国植保大会上提出“以防为主，综合防治”的植保方针。随着研究的深入，生产的发展，防治策略逐步系统化和科学化。起初是对一虫一病的综合防治，即对其中主要病虫害，采用各种适宜的方法，把它的危害控制在经济允许水平以下。继而发展为以一个生物群落为对象，进行综合防治。如对一个果园，一片农田进行综合防治。目前，综合防治是以整个生态系统为对象，进行整个区域的治理。其基本含义是：从农业生态系统整体出发，充分考虑环境和所有生物种群及其经济效益、生态效益和社会效益，在最大限度地利用自然因素控制病虫害的前提下，采用农业、生物、物理、化学和植物检疫等各种技术，进行综合防治，把病虫害控制在经济允许危害水平以下。

(一)利用自然因素控制病虫害

梨树病虫害综合防治，包括许多措施，但首先要考虑利用自然控制因素。它包括寄主的适宜性、生活空间、隐蔽场所、气候变化和种间竞争等，创造不利于病虫害发生的环境是病虫害防治的根本方法。

1. 树种合理搭配

建园时，尽量避免梨、桃等果树混栽，以杜绝梨小食心虫、桃蛀螟等害虫的交替危害。否则，易导致梨小食心虫、桃蛀螟等害虫的发生。

2. 根除中间寄主

桧柏是梨锈病的中间寄主，梨锈病以多年生菌丝体寄居在桧柏上越冬。梨园附近 5 千米之内如果有桧柏存在，即应消除。以梨为主的产果区，应禁止栽植桧柏。

3. 调控生态因子

梨树病害的发生往往与降雨和湿度密切相关。如梨黑星病、轮纹病、褐斑病和黑斑病等，在雨水较多的年份发生严重。通过设施栽培等，创造一个不利于梨树发病，而又不影响梨树生长发育的环境，就会限制病害的发生。

（二）植物检疫

由国家颁布条例和法令，对植物及其产品，特别是苗木、接穗和种子等繁殖材料，进行管理和控制，防止危害性病、虫和杂草传播蔓延的措施，称为植物检疫。一种新的病虫害的传入，由于缺乏天敌，植物缺乏抗性，有可能给当地农业生产带来严重的危害。因此，在苗木、接穗等的调运中，必须严格进行植物检疫。由于危险性病、虫和杂草，随着时间的推移和种植制度的改变，检疫对象也不断发生变化。目前，落叶果树的病、虫检疫对象，主要有苹果黑星病、葡萄蔓割病、板栗疫病、苹果小吉丁虫、苹果透翅蛾、苹果绵蚜、梨潜皮细蛾、葡萄根瘤蚜、梨圆蚧和美国白蛾等。其中危害梨树的有苹果透翅蛾、梨潜皮细蛾和梨圆蚧等。

（三）农业防治

农业防治，是利用自然因素控制病虫害的有效措施。通过一系列农业技术，创造不利于病虫害发生，而有利于梨树生长发育的环境，增强梨树对有害生物的抵抗能力，达到直接消灭或抑制病虫害发生的目的。农业防治可操作性强，而且不污染环境。

1. 选用抗病品种和砧木

选用抗病品种和砧木，可大大减轻病虫害防治的压力，取得事半功倍的效果。在梨树的不同品种间，抗病性差异十分显著。选择品种时，应在保证优质丰产的前提下，选用抗病品种。如红香酥和中梨 3 号等高抗黑星病，金二十世纪对褐斑病免疫，早美酥抗早期落叶病和轮纹病等。一般中国梨易感黑星病，日本梨次之，西洋梨抗性最强；西洋梨易感褐斑病，日本梨次之，中国梨抗性较强。

2. 提高树体对病虫害的抗性

通过采用增施有机肥，合理施肥、浇灌和修剪，控制负载等现代栽培技术，增强树势，使树势壮而不旺，枝叶多而不密，果园通风透光，从而提高梨树的抵抗病虫害能力。这是防治各种病害的重要环节。

3. 清洁果园

在生长季节，结合疏花疏果，摘除梨黑星病、白粉病叶芽和顶梢卷叶虫、星毛虫等；及时检查和清理果园内受炭疽病、轮纹病、桃小食心虫、梨小食心虫和梨大食心虫等危害的病虫果，予以集中深埋或销毁。秋末冬初，彻底清除落叶和杂草，消灭在其上越冬的黑星病、潜叶蛾、梨网蝽等病虫原。冬季和初春，梨树的老皮、翘皮、粗皮与裂缝，是山楂叶螨、梨星毛虫和梨小食心虫等害虫的越冬场所。因此，在休眠期刮树皮并集中深埋或烧毁，是消灭这些害虫的有效措施。

4. 果实套袋

果实套袋等于给果实设了一道保护层，可以保护果实不受病虫危害，能够避免桃小食心虫、梨小食心虫、椿象和烂果病等的危害。果实套袋后，喷药主要防治枝叶上的病虫害，可以减少农药的使用次数。

5. 其他措施

秋、冬季节，给梨园深翻施肥，松土保墒，可直接杀死在土中或树下越冬的害虫，减少早期落叶病菌和金纹细蛾等病原和害虫的越冬基数，提高树体对腐烂病和轮纹病等多种病害的抵抗力。通过冬季修剪，将在梨树枝条上越冬的害虫卵、幼虫和越冬茧等剪去，可减轻翌年的危害。通过夏季修剪，改善树体的通风透光条件，可减少轮纹病和斑点落叶病等的发生蔓延。通过梨园覆草和间作绿肥，可为害虫天敌提供适宜生存和繁殖的环境，增加天敌的数量。

（四）生物防治

生物防治，是指利用有益生物及生物的代谢产物防治病虫害的方法。包括保护自然天敌，人工繁殖释放、引进天敌，病原微生物及其代谢产物的利用，植物性农药的利用等。生物防治不对环境产生任何副作用，对人、畜安全，在果品中无毒物残留。该种方法在病虫害综合治理中，越来越显得重要，是梨树现代栽培的重要组成部分。

1. 充分利用天敌，以虫治虫

果树是多年生作物，果园生态环境比较稳定，易受到多种害虫危害，但捕食害虫的天敌种类也很多。它们相互制约，相互依存，维持着自然平衡，使许多潜在害虫的种群数量稳定在危害水平以下。

(1) 天敌的种类 我国果园天敌种类十分丰富，据不完全统计达200多种，仅经常起作用的优势种就有数十种。

①瓢　虫 瓢虫是果园中主要的捕食性天敌，以成虫和幼虫捕食各种蚜虫、叶螨、介壳虫及低龄鳞翅目幼虫、梨木虱等。瓢虫的捕食能力很强，一头异色瓢虫成虫一天可以捕食100～200头蚜虫。一头黑缘红瓢虫一生可捕食2 000头介壳虫。

②草　蛉 草蛉是一类分布广、食量大，能捕食蚜虫、叶螨、叶蝉、蓟马、介壳虫及鳞翅目低龄幼虫及卵的重要捕食性天敌。一头普通草蛉一生能捕食300～400头蚜虫，1 000余头叶螨。

③六点蓟马 六点蓟马的成虫和幼虫都捕食叶螨的卵。一头雌虫一生能捕食1 700个螨卵。

④**食蚜蝇** 食蚜蝇以捕食果树蚜虫为主，又能捕食实叶蝉、介壳虫、蓟马和蛾蝶类害虫的卵与初龄幼虫。它的成虫颇似蜜蜂，但腹部背面大多有黄色横带。每头食蚜蝇幼虫可捕食数百头至数千头蚜虫。

⑤**螳 螂** 螳螂是多种害虫的天敌。它分布广，捕食期长，食虫范围大，繁殖力强，在植被丰富的果园中数量较多。螳螂的食性很杂，可捕食蚜虫、蛾蝶类和甲虫类等60多种害虫。1～3龄若虫喜食蚜虫，3龄后捕食体壁较软的鳞翅目害虫，成虫则捕食蚜虫、叶蝉、盲蝽、金龟甲、桃蛀果蛾、梨小食心虫和棉铃虫等多种害虫。螳螂的食量很大，每头3龄若虫可捕食198头蚜虫、110头棉铃虫幼虫。

⑥**赤眼蜂** 赤眼蜂是一种寄生在害虫卵内的寄生蜂，体长不足1毫米，眼睛鲜红色，故名赤眼蜂。赤眼蜂是一种广寄生天敌昆虫，能寄生400余种昆虫的卵，尤其喜欢寄生在梨小食心虫、棉铃虫、黄刺蛾和棉褐带卷蛾等果树害虫的卵里。赤眼蜂的种类很多，在果树上常见的有松毛虫赤眼蜂、舟形毛虫赤眼蜂和毒蛾赤眼蜂等。

(2)天敌的保护

①**改善果园的生态环境** 在梨园行间种植绿肥，可以为天敌提供适宜生存和繁殖的环境条件，有利于天敌的生存和繁殖。在梨园内种植一些开花期较长的植物，可招引寄生蜂、寄生蝇、食蚜蝇和草蛉等天敌，到果园取食、定居及繁殖。保护好果园周围麦田里的瓢虫等天敌，使其在麦熟后迁移到果园，对控制果树上的蚜虫有明显的效果。秋季天敌越冬前，在枝干上绑草把和旧报纸等，可以为天敌创造一个良好的越冬场所，还可以诱集果园周围作物上的天敌来果园越冬。

②**刮树皮时注意保护天敌** 枝干翘皮里及裂缝处既是害

虫的越冬场所，但同时也是六点蓟马、小花蝽、捕食螨、食螨瓢虫以及其他多种寄生蜂等天敌越冬的地方。因此，可改冬天刮树皮为春季果树开花前刮。因为此时大多数天敌已出蛰活动，这样既能消灭害虫又能保护天敌。如刮治时间早，可将刮下的树皮放在粗纱网内，待天敌已出蛰活动后，再深埋或烧毁树皮。虫果、虫枝、虫叶中常带有多种寄生性天敌，因此，可以把收集起来的这些虫果、虫枝及虫叶放于大纱网笼内，将天敌饲养一段时间后，待天敌和害虫的比例合适时再释放。

③有选择地使用杀虫剂　首先是有选择地使用高效、低毒、对天敌杀伤力小的农药品种。一般来说，生物源杀虫剂对天敌的危害轻，尤其是微生物农药比较安全。化学源农药中的有机磷、氨基甲酸酯杀虫剂，对天敌的杀伤作用最大，菊酯类杀虫剂对天敌的危害也很大，昆虫生长调节剂类对天敌则比较安全。在全年的防治计划中，要抓住早春害虫出蛰期的防治，压低生长期的害虫基数，可以有效地减轻后期的防治压力，减少夏季的喷药次数。喷药时，要注意交替使用杀虫机制不同的杀虫剂，尽可能地降低喷药浓度和用药次数，尤其要限制广谱性有机合成农药的使用。

④人工饲养和释放天敌　由于多数天敌的群落发育落后于害虫，仅靠田地本身的自然繁殖很难控制害虫的危害。通过人工饲养天敌，在害虫发生初期，自然天敌不足时，提前释放一定量的天敌，可以取得满意的防治效果。目前，北美洲已有 142 家公司生产和销售 130 多种天敌；西欧有 26 家公司生产和销售 80 多种天敌。在我国，赤眼蜂已可进行半工厂化生产，可以每日繁殖松毛虫赤眼蜂 3 000 万头。在辽宁和山东的部分果园，人工释放松毛虫赤眼蜂防治苹小卷叶蛾十分成功。如在苹小卷叶蛾为害率 5% 的果园，在第一代卵发生期

连续释放赤眼蜂 3～4 次，即可有效控制其危害。

2. 利用昆虫激素

目前，我国已有桃小食心虫、梨小食心虫、苹小卷叶蛾、金纹细蛾、苹果蠹蛾、苹果褐卷叶蛾、梨大食心虫、桃蛀螟和桃潜蛾等害虫的果园用性诱剂，主要用于害虫发生期的检测、大量捕杀和干扰交配。一般每 667 平方米果园挂 15 个左右性诱捕器。虫口密度大时，可先喷一遍长效专用杀虫剂。

3. 利用真菌、细菌、放线菌、病毒和线虫等有益微生物或其代谢产物

目前，利用苏云金杆菌及其制剂，防治桃小食心虫的初孵幼虫，有较好防效。在桃小食心虫发生期，按照卵果率 1%～1.5%的防治指标，对树上喷洒 Bt 乳剂或青虫菌 6 号 800 倍液，防治效果良好。使用农抗 120 防治果树腐烂病，具有复发率低、愈合快、用药少和成本低等优点。在桃小食心虫越冬幼虫出土期使用新线虫，也取得了较好的效果。

（五）物理机械防治

物理机械防治，是指应用各种物理因子、机械设备以及多种现代化工具防治病虫害的方法。其内容包括简单的人工捕捉和最尖端的科学技术原子能辐射等。

1. 灯光诱杀

根据昆虫的趋光性，在梨园设置光源，可诱杀梨小食心虫和卷叶蛾类等多种梨树害虫。广泛应用于害虫诱杀的光源是 20 瓦黑光灯，波长 3 650 埃。黑光灯可与性诱剂结合或在灯旁加高压电网，或与 20 瓦日光灯并联，可提高诱杀效果。新近研究的新光源有单管双光灯、金属卤素灯和频振式灯等，其诱杀效果均优于黑光灯。具体使用应依据产品使用说明介绍的方法进行。

2. 糖醋液诱杀

糖醋液是一种被广泛运用梨树害虫防治的诱杀剂，对诱杀梨小食心虫等害虫效果明显。糖醋液配制比例为：红糖1份，醋4份，酒1份，水16份，另加入1%升汞或福尔马林液几滴，防止腐化。将配好的糖醋液盛于广口容器中，挂在离地1.5米高的树冠中，每5株树悬挂1个。

3. 人工捕捉

利用金龟子、梨茎蜂、梨实蜂和梨虎象等害虫的假死性，于清晨或傍晚温度低时，在地上铺塑料膜，然后摇动树干，收集掉下的成虫，将其捕杀。利用害虫，如二斑叶螨、梨小食心虫和梨星毛虫等，在树皮裂缝中越冬的习性，在树干上束草、捆破布和废报纸等，诱集越冬害虫，在翌年害虫出蛰前将其中的害虫集中消灭。还可用铁丝钩捕杀树干中的天牛幼虫等。

4. 树干涂白

秋季梨树落叶后，进行树干涂白，可防止冻伤和日灼，并阻止芳香木蠹蛾和天牛等害虫产卵为害。涂白剂的配制比例是：生石灰5～6千克，食盐0.7～1千克，细黏土1千克，硫黄粉0.3千克，水18～20升。

（六）化学防治

化学防治，就是我们通常采用的利用化学农药直接杀死或抑制病虫害发生的防治方法。在现代梨树栽培中，应在运用其他防治方法难以控制病虫危害的情况下，才使用化学防治技术。但在我国目前条件下，化学农药对病虫害，特别是对于暴发性病虫害，仍是最常用和有效的防治手段。关键是如何科学合理使用。

1. 化学农药的选择

在梨树现代栽培中，要生产高档化、无公害果品、绿色果品，就必须降低果品的农药残留量。禁止使用剧毒、高毒、高残留农药和致癌、致畸、致突变农药；提倡使用矿物源、植物源和微生物源以及高效、低毒、低残留农药。目前市场上销售的农药，可以说是五花八门。下面介绍几种梨园允许使用的主要农药品种、使用方法和防治对象(表 7-1、表 7-2)，以及限制使用的农药(表 7-3)，以供参考。

表 7-1 梨园允许使用的主要杀虫杀螨剂

农药品种	毒性	稀释倍数和使用方法	防治对象
1%阿维菌素乳油	低毒	5000 倍液，喷施	梨木虱、叶螨
0.3%苦参碱水剂	低毒	800～1000 倍液	蚜虫，叶螨
10%吡虫啉可湿粉	低毒	5000 倍液，喷施	蚜虫，梨木虱、叶螨等
25%灭幼脲 3 号悬浮剂	低毒	1000～2000 倍液，喷施	梨大、梨小食心虫，椿象等
50%蛾螨灵乳油	低毒	1500～2000 倍液，喷施	桃小、梨小食心虫等
20%杀铃脲悬乳剂	低毒	8000～10000 倍液，喷施	梨小食心虫，椿象等
50%辛硫磷乳油	低毒	1000 倍液，喷施	蚜虫、叶螨、卷叶虫等
5%尼索朗乳油	低毒	2000 倍液，喷施	叶螨类
10%浏阳霉素乳油	低毒	1000 倍液，喷施	叶螨类
20%螨死净胶悬剂	低毒	2000～3000 倍液，喷施	叶螨类
15%哒螨灵乳油	低毒	3000 倍液，喷施	叶螨类
40%蚜灭多乳油	中毒	1000～1500 倍液，喷施	梨蚜虫及其他蚜虫等
苏云金杆菌可湿粉	低毒	500～1000 倍液，喷施	卷叶虫，叶螨，天幕毛虫等
10%烟碱乳油	中毒	800～1000 倍液，喷施	蚜虫，叶螨，卷叶虫等
5%卡死克乳油	低毒	1000～1500 倍液，喷施	卷叶虫，叶螨等
25%扑虱灵可湿粉	低毒	1500～2000 倍液，喷施	介壳虫，梨木虱，叶螨等
50%马拉硫磷乳油	低毒	1000 倍液，喷施	蚜虫，梨小食心虫等
5%抑太保乳油	中毒	1000～2000 倍液，喷施	卷叶虫，梨小食心虫等

表 7-2 梨园允许使用的主要杀菌剂

农药品种	毒性	稀释倍数和使用方法	防治对象
5%菌毒清水剂	低毒	萌芽前 30～50 倍液,涂抹,100 倍液喷施	梨腐烂病,枝干轮纹病
腐必清乳剂(乳剂)	低毒	萌芽前 2～3 倍液,涂抹	梨腐烂病,枝干轮纹病
2%农抗 120 水剂	低毒	萌芽前 10～20 倍液,涂抹,100 倍液喷施	梨腐烂病,枝干轮纹病
80%喷克可湿粉	低毒	800 倍液,喷施	斑点落叶,轮纹病,炭疽病
80%大生 M-45 可湿粉	低毒	800 倍液,喷施	斑点落叶,轮纹病,炭疽病
70%甲基托布津可湿粉	低毒	800～1000 倍液,喷施	斑点落叶,轮纹病,炭疽病
50%多菌灵可湿粉	低毒	600～800 倍液,喷施	轮纹病,炭疽病
40%福星乳油	低毒	600～800 倍液,喷施	斑点落叶,轮纹病,炭疽病
1%中生菌素水剂	低毒	200 倍液,喷施	斑点落叶,轮纹病,炭疽病
波尔多液	低毒	200 倍液,喷施	斑点落叶,轮纹病,炭疽病
50%扑海因可湿粉	低毒	1000～1500 倍液,喷施	斑点落叶,轮纹病,炭疽病
70%代森锰锌可湿粉	低毒	600～800 倍液,喷施	斑点落叶,轮纹病,炭疽病
70%乙膦铝锰锌可湿粉	低毒	500～600 倍液,喷施	斑点落叶,轮纹病,炭疽病
硫酸铜	低毒	100～500 倍液,喷施	根腐病
15%粉锈宁乳油	低毒	1500～2000 倍液,喷施	梨锈病
石硫合剂	低毒	发芽前用 3～5 波美度	杀灭一切越冬害虫和病菌孢子等
843 康复剂	低毒	5～10 倍液,涂抹	干枯型腐烂病
68.5%多氧霉素	低毒	1000 倍液,喷施	斑点落叶等
75%百菌清	低毒	600～800 倍液,喷施	斑点落叶,轮纹病
50%硫胶乳剂	低毒	200～300 倍液,喷施	梨锈病

表 7-3 梨园限制使用的主要农药品种

农药品种	毒性	稀释倍数和使用方法	防治对象
50%抗蚜威可湿粉	中毒	800～1000 倍液，喷施	梨蚜，瘤蚜等
2.5%功夫乳油	中毒	3000 倍液，喷施	梨小食心虫，叶螨等
30%桃小灵乳油	中毒	2000 倍液，喷施	梨小食心虫，叶螨等
80%敌敌畏乳油	中毒	1000～2000 倍液，喷施	梨小食心虫，蚜虫，卷叶蛾等
50%杀螟硫磷乳油	中毒	1000～5000 倍液，喷施	卷叶蛾，桃小食心虫，介壳虫
20%氰戊菊酯乳油	中毒	2000～3000 倍液，喷施	梨小食心虫，蚜虫，卷叶蛾等
2.5%溴氰菊酯乳油	中毒	2000～3000 倍液，喷施	梨小食心虫，蚜虫，卷叶蛾等
10%歼灭乳油	中毒	2000～3000 倍液，喷施	梨小食心虫

2. 合理使用化学农药

(1)安全与防治效果 使用农药时，首先必须了解农药的性能、剂型、使用方法、防治对象和注意事项，防止对梨树产生药害和引起梨果公害。为保证防治效果，应根据梨树病虫害的发生发展规律，做好病虫害的预测预报，找出它的薄弱环节，选择最佳防治时期和适宜的农药种类。

(2)保护和利用天敌 见本书第七章中的“生物防治”。

(3)轮换使用农药 梨树病虫害防治用药，一般为 15～20 天喷一次。为防止或减轻病虫害对药剂产生抗药性，使用农药时，应注意轮换使用具有不同杀菌或杀虫机理的农药，并能提高防治效果。

(4)合理混合农药 一般情况下，杀菌剂与杀虫剂可混合使用。两种同类型的杀菌剂之间不宜混合使用，两种同类型的杀虫剂也不宜混合使用，更不能 3～4 种杀菌剂混合使用，或 3～4 种杀虫剂混合使用。有些农药在碱性条件下容易分解，故不能与碱性药剂混用。因此，使用农药时必须详细阅读说明书。

(5)提高喷药质量，增强用药效果 当前梨园用药大多数为人工或机械喷雾施药，喷药时应尽量使用喷头并且压力要大。使用喷枪，可提高雾化程度，保证每个叶片的背面、果实、枝干上，都能均匀地喷到药液，从而提高用药效益。

(七)梨树病虫害综合防治年历

对梨树病虫害进行综合防治，其工作年历如表 7-4 所示。

表 7-4 梨树病虫害综合防治年历

(中部地区)

物候期(旬/月)	防治对象	防治措施
萌动前 (2～上/3 月)	梨木虱、梨椿象、红蜘蛛、梨大食心虫、蚜虫、梨瘤蛾、黑星病、轮纹病、腐烂病	刮主干、主枝粗皮，剪除病虫枝条；喷 3～5 波美度石硫合剂
开花前 (下/3～上/4)	梨木虱、梨实蜂、梨茎蜂、星毛虫、梨蚜	喷 1%阿维菌素 3000 倍液+5%吡虫啉 2000～3000 倍液
落花后 (下/4～上/5)	梨小食心虫、梨茎蜂、茶翅蝽、金龟甲、黑星病	结合疏花疏果，摘虫果、掰虫芽；早、晚振树或种向日葵诱杀、捕杀成虫防治梨茎蜂等；糖醋液诱杀梨小食心虫等；及时套袋；喷石灰倍量式波尔多液或退菌特 800 倍液
麦收前 (中下/5)	梨黑星病、轮纹病、茶翅蝽	喷 50%多菌灵 700 倍液+25%灭幼脲 3 号 2000 倍液

续表 7-4

物候期(旬/月)	防治对象	防治措施
麦收后 (中下/6)	红蜘蛛、梨木虱	人工摘除虫害果、捡拾落地果,集中埋掉;喷 1%阿维虫清 3000 倍液 + 30%蛾螨灵 1500～2000 倍液
果实速长期 (上中/7)	梨黑星病、轮纹病	喷 1∶3∶200 倍波尔多液或 50%多菌灵 600～800 倍液
果实膨大期 (下/7)	梨小食心虫、桃蛀螟、黑星病	喷 30%蛾螨灵 2000 倍液+700 倍液甲基托布津
果实膨大期 (上中/8)	梨小食心虫、红蜘蛛、黑星病	喷 1∶3∶200 倍波尔多液+乙膦铝
采收前 20 天 (上/8～上/9)	梨黑星病、黄粉虫	喷多菌灵 700 倍液+20%好年冬乳油 2000～4000 倍液
落叶期 (11 月份)	越冬病虫及生理病害	清除杂草、落叶、病果、枯枝。喷石硫合剂
休眠期 (12～1 月份)	腐烂病、干腐病、轮纹病、黑星病、蚜虫、介壳虫、梨茎蜂、梨木虱	结合冬剪,剪除病虫枝,刮治介壳虫,刮除病斑后涂抹腐必清 2～5 倍液,彻底清园

(八)石硫合剂和波尔多液的配制与使用

1. 石硫合剂

石硫合剂是一种具有杀菌、杀螨作用的硫制剂,有强烈的硫黄臭味,呈酱油色,是强碱性液体。石灰硫黄合剂对红蜘蛛、白粉病菌有特效,并对多种霉菌、锈菌有防治效果。

(1)配制方法 石硫合剂是由石灰、硫黄和水按比例熬煮而成。三者最佳配比为1∶2∶8。先将定量的水放入锅内烧温，然后将硫黄粉碾成粉末，用温水调成糊状，调制时不要有干的硫黄颗粒。然后将硫黄糊倒入锅内搅匀，继续加热煮沸。再将块状生石灰逐次投入锅内，并继续搅拌。在加石灰时要注意控制火候，防止溢锅，并保持沸腾。熬前要记下锅内水位高度，煮沸中一边用力搅拌，一边补充失去的水分，使之保持原来的水量。煮沸时间为40～60分钟，至药液呈现酱油色、透明、液面泛出绿色泡沫时为止。自然冷却后取锅内的清液，即为石灰硫黄合剂的原液，用波美比重表测量度数后装入容器内，注明药名和波美度。一般熬制的可达20～28波美度。

熬制石硫合剂时，应注意以下几点：①生石灰质量好，成块状。②硫黄粉要细，并充分搅成糊状。③原料加入后要保持沸腾，并充分搅拌。

(2)使用方法 在原液中加水，稀释成所需要的浓度即可使用。在梨树发芽前，可使用3～5波美度液；发芽后使用0.3～0.5波美度液。在夏季高温时，只能使用0.1～0.2波美度液。0.1～0.2波美度液可防治苗木白粉病和桑粉虱；0.2～0.3波美度液，可防治红蜘蛛；0.5波美度液可防治梨黑星病；1波美度液在初春可防治梨黑星病和白粉病；4波美度液，可防治桑白介壳虫；5波美度液，在冬季和早春可防治梨黑星病、白粉病、轮纹病、炭疽病及梨园介壳虫等。用原液对刮治后的伤口进行消毒，亦有较好的效果。例如梨树腐烂病经刮治和除去烂皮后，涂上原液可有效地控制腐烂病的发展。

使用石硫合剂时应注意以下几点：①原液最好存放在小口缸里，滴入一薄层煤油或柴油，隔绝空气，同时严密封口。②熬煮和贮存都不要和铜质器具接触。③在夏季32℃以上和冬季－4℃以下时不要使用，不然会出现药害。在果实将要成熟时喷施此药，易生斑点。④不能与波尔多液、松脂合剂和肥皂等混用。与波尔多液交替使用时，须隔 2～3 周，否则会引起药害。

2. 波尔多液

波尔多液是由硫酸铜、石灰和水配制而成的保护性杀菌剂。根据果树的种类不同使用不同的配比，梨、苹果等仁果类果树对铜敏感，一般采用石灰倍量式，即硫酸铜∶石灰∶水＝1∶2∶200。在雨季甚至可将石灰增加到 3～4 倍，以减轻药害和减少雨水冲刷。优良的波尔多液呈胶体悬液状。

(1)配制方法 先将硫酸铜碾碎，用热水在陶缸或塑料桶中溶化。然后，加总水量的一半稀释。同时，用水将石灰化开，过滤，除去渣子，放入另一容器中，将剩余的一半水加入其中，搅拌成石灰乳。然后将硫酸铜溶液和石灰乳同时徐徐倒入第三个容器中，边倒边搅。也可将硫酸铜溶液慢慢倒入石灰乳中，边倒边搅拌。但是，切不可把石灰乳倒入硫酸铜溶液中，不然易造成沉淀，使用时产生药害。

配制波尔多液时要注意：①硫酸铜应选用青蓝色有光泽的结晶体，纯度在 95％以上。绿色粉状的硫酸铜含有杂质，不宜使用。石灰应选用白色块状的优质生石灰。②不能用金属容器配制，最好用陶缸或塑料容器。③严格按配制顺序操作，不能颠倒。

(2)使用方法 直接喷洒施用，不可稀释。在发病前或发病初期喷洒，药效最好。药效可维持 15 天左右。在春梢萌动前，用石灰倍量式波尔多液可防治梨黑星病、炭疽病和轮纹病。

在使用波尔多液时，要避开阴雨天或露水过大。喷药后如遇大雨，天晴后要重新喷施。波尔多液极不稳定，应现配现用，不可久存。不能将波尔多液与肥皂、松脂合剂、石硫合剂以及遇弱碱即分解的药剂混用。在采收果实前半个月内不要施药，不然既影响外观，又对人有一定的毒害。沾染药液残渍的梨果，可先用稀醋洗去，再用清水洗净后食用。

三、梨树病害防治

我国梨树病害大约有80余种，其中发生普遍和危害严重的有黑星病、锈病、轮纹病、腐烂病和黑斑病等。这些病害导致梨树生长衰弱，结果延迟，产量下降，品质变劣，损失很大。下面就这些主要病害的发病症状，发病规律及其防治方法详细加以介绍。

（一）梨黑星病

梨黑星病，又名疮痂病。在我国梨产区发生普遍，它是梨树的一种主要病害。

【症　状】 黑星病可危害果实、果梗、叶片、叶柄、新梢和芽鳞等部位。梨树受害后，病部形成明显的黑色霉斑，这是该病的主要特征。

果实受害后，先出现淡黄色圆形小病斑，病斑逐渐扩大，病部稍凹陷，上长黑霉。被害的幼果，多龟裂并成干疤，易早期落果。

果梗发病多在幼果期，其上出现黑色椭圆形凹斑，斑块上长黑霉。

叶片发病，首先在叶背出现圆形、椭圆形或不规则形状的淡黄色斑，以后病斑稍有扩大，其上出现煤烟状的黑色霉状物，严重时，许多病斑相互连接，使整个叶片的背面布满黑色霉层。其中叶脉上最易着生。

叶柄染病时，首先出现针头大小的黑斑，后不断扩大，绕叶柄一周时，由于影响水分及养料运输，往往引起早期落叶。

新梢染病有两种症状。一种是由越冬芽染病所引起的病芽梢，这种病梢的基部在春季先变成黄褐色，继而变黑坏死，病部长满黑霉，终致新梢全部枯死。另一种症状是夏季感染所致，这种病梢一般是先在新梢上出现黑色或黑褐色病斑，稍隆起如豆粒大，在病斑表面布满黑霉，最后病斑呈疮痂状，并出现龟裂。以后龟裂处，会翘起脱落，仅留疤痕。

越冬芽被侵染后，芽片松散，并有黑霉，第二年萌发形成病芽梢。病芽受害严重时，鳞片开裂，全芽枯死。

【发病规律】 病菌主要以分生孢子或菌丝体在鳞片内、枝梢病部和落叶上越冬。第二年 4 月份，多在新梢基部先发病并成为病源中心。4 月下旬至 5 月上旬，叶片和幼果出现病斑。病菌借雨水传播，因而降雨是梨黑星病侵染危害的必要条件。5 月中旬至 6 月份，华北地区干燥少雨，多数年份发病很轻。6 月底至 8 月中下旬，华北地区一般是雨季，为发病高峰期，秋季雨水多的年份，仍会持续发病。

不同梨品种对黑星病的抗性不同，一般中国梨最易感病。发病重的品种有鸭梨、京白梨、秋白梨和宝珠梨等。其次为砀山酥梨和莱阳茌梨，而以西洋梨系统的品种抗性最强，日本梨次之。

【防治方法】

①秋冬季清园 清除落叶落果，同时结合修剪，剪除病枝、病芽，一并集中烧毁或深埋。

②采取农业措施 加强栽培管理，增施有机肥，增强树

势，提高树体抗病能力。

③**药剂防治**　发芽前，全园喷布3～5波美度石硫合剂，以铲除树上的越冬病源。5月份以后，根据梨树病情和降雨情况及时喷药。一般第一次喷药在5月中旬(病梢初现期)，第二次在6月中旬，第三次在6月末至7月上旬，第四次在8月上旬。可选用的药剂有：1∶2∶200倍波尔多液，50%多菌灵可湿性粉剂800倍液，50%甲基托布津800倍液，40%福星乳油8 000～10 000倍液。62.25%仙生可湿性粉剂600倍液。

(二)梨锈病

梨锈病，又叫赤星病、羊胡子病等。以在梨园附近有桧柏栽培的地区发病严重。

【症　状】　梨锈病主要危害叶片和新梢，严重时也危害幼果。叶片受害时，在叶面产生有光泽的橙黄色的病斑，病斑边缘为淡黄色，中部为橙黄色，表面密生橙黄色小粒点。天气潮湿时，其上溢出淡黄色黏液，即性孢子。黏液干燥后，小粒点变为黑色，病斑变厚，叶面稍凹陷，叶背稍隆起。此后，从叶背病斑处长出淡黄色毛状物，这是识别本病的主要特征。新梢和幼果染病也同样产生毛状物，病斑以后凹陷，幼果脱落。新梢上的病斑处易发生龟裂，并易折断。

【发病规律】　锈病病菌春季从桧柏上随风力传播到梨树上为害，为害的程度与桧柏的多寡及距离远近有关。锈孢子传播的有效距离为5～10千米，但以距梨园1.5～3.5千米以内的桧柏对发病影响最大。另外，病菌一般只能侵害幼嫩的组织。当梨芽萌发，幼叶初展时，如天气多雨，风力较大则发病较重。病菌最适萌发温度为22℃～24℃，侵入寄主后需潜伏6～10天才出现病斑，20～25天后可形成羊胡子状的锈孢子器，这种锈孢子不能再为害梨树，转而侵害桧柏嫩叶或新梢，并在桧柏上越夏越冬，翌年春季形成冬孢子角，冬孢子角又转主寄生为害梨树，如此循环为害。

【防治方法】 砍除梨园附近的桧柏，以断绝病菌来源，或于早春对桧柏喷 1～2 次 3～5 波美度石硫合剂，以减少或抑制病源。梨树上发现有锈病发生时，应在开花前、谢花末期和幼果期喷药保护。常用药物有：25％粉锈宁可湿性粉剂 1 500 倍液，石灰倍量式波尔多液 200 倍液，3％绿得保胶悬剂300～500 倍液或 80％代森锰锌 800 倍液等。

（三）梨轮纹病

梨轮纹病，又叫粗皮病、瘤皮病。是我国梨树重要病害之一。特别是 20 世纪 90 年代以来，梨轮纹病有发展趋势，已成为生产上突出的问题。

【症　状】 该病主要危害枝干和果实，其次是叶片。

枝干受害，通常以皮孔为中心产生褐色凸起的小斑点，后逐渐扩大成为近圆形或不正形的暗褐色病斑。初期病斑隆起成瘤状，后病斑周围时有环状下陷。第二年，病斑上出现许多黑色小粒点，即为轮纹病菌的分生孢子器，病斑与健部间裂缝逐渐加深，病组织翘起。病情严重时，许多病斑连接在一起，使枝干表皮极为粗糙。

果实多在近成熟期或贮藏期发病，以皮孔为中心发生水渍状褐色近圆形的斑点。后逐渐扩大，呈暗红褐色，有时有明显的同心轮纹。病斑发展迅速，病果很快腐烂，并流出茶褐色黏液，有些病果最后也会干缩成僵果。

叶片发病，多从叶尖上开始，产生不规则的褐色病斑，后逐渐变为灰白色，严重时，叶片提早脱落。

【发病规律】 病菌以菌丝体、分生孢子器和子囊壳等形式，在枝干病部越冬。翌年早春恢复活动，3 月上旬即可捕捉到孢子。分生孢子在下雨时散出，引起初次侵染。因而病菌主要靠雨水传播。相对湿度 75%以上或降水量达 10 毫米时，病菌传播最快。老病斑在 3 月中旬开始扩展，4 月上旬至 5 月上旬扩展速度较快。果实从 5 月上旬至 8 月上旬均可感病。病菌侵入果实后，潜育期长，一般至成熟后才陆续发病，表现症状。

【防治方法】

①加强栽培管理 要增施有机肥，增强树势，提高树体抗性。轮纹病是弱寄生菌，树体衰弱则发病严重；树体健壮则发病轻或只感病而不发病。

②认真做好清园工作 冬季彻底清除枯枝落叶，并将被害病枝上的病斑及时刮除，而后用 5 波美度石硫合剂或腐必清 2～3 倍液，对伤口进行消毒，并将刮掉的组织及清除的枯枝落叶集中烧毁，以减少越冬病源。

③喷药保护 梨树发芽前，喷布 40%福美胂 100 倍液或 5 波美度石硫合剂。梨树谢花后，视降雨情况并结合防治其他病害及时喷药。可选用的药剂有：50%多菌灵可湿性粉剂 600～800 倍液，70%代森锰锌可湿性粉剂 500～600 倍液，50%退菌特可湿性粉剂 600～800 倍液等，药剂要交替使用，但退菌特在果实采收前 20 天要停止使用。

（四）褐斑病

梨树褐斑病，又称斑枯病、白星病，各地梨区都有少量发生。该病仅危害叶片，一般不成灾。但南方梨区发病较重，严重发病的果园，会引起大量早期落叶，造成减产。

【症　状】 病叶上有近圆形病斑，以后逐渐扩大。病斑中间为灰白色，其上密生黑色粒点，周围为淡褐色至深褐色，最外层为紫褐色至黑色。发病严重的叶片，一片叶上往往有10多个病斑，后互相连接成不规则大病斑，导致叶片早期落叶。

【发病规律】 病菌在落叶的病斑上越冬。翌年春天梨树发芽后，病菌借风雨传播，并粘附在新叶上。待条件适宜时，孢子发芽，侵入叶片，引起初次侵染。孢子可进行再侵染。在雨水多的年份和月份发病严重。北方地区7月上旬进入雨季后，为其发病盛期，落叶最多。

不同的梨树品种对褐斑病的抵抗力不同。一般来说，以西洋梨品种最易感病，日本梨次之，中国梨大部分品种抗此病能力较强。少数品种也易感该病。

【防治方法】

①**做好清园工作**　秋、冬季认真扫除落叶，并将其集中烧毁或深埋土中，以减少病源。

②**加强栽培管理**　要增施有机肥，合理整枝修剪，促使树体健壮，提高抗病力。

③**药剂防治**　梨树萌芽前，喷1∶2∶160～200的波尔多液。谢花后，如遇雨立即喷一遍50％退菌特500倍液及石灰倍量式波尔多液。7～8月份，结合防治其他病害，每隔20天喷一遍石灰等量式波尔多液。但采收前20天要停用，以免影响果实外观。

（五）梨树腐烂病

梨树腐烂病又叫臭皮病，在我国各梨区都有发生。发病后常引起全株死亡，对生产影响很大。

【症　状】 主要危害主干、主枝及侧枝上的向阳面与枝杈部。在大树上，以表皮光滑的三年生以上大枝最易发病；在幼树上，二年生以上细枝也能发病。

在发病初期，病斑稍隆起，呈水渍状，红褐色，手压下陷，并溢出红褐色汁液，发出酒糟味。以后病部逐渐凹陷、干缩，在病健部出现龟裂，表面布满黑色小点。当空气潮湿时，从中涌出淡黄色孢子角。在抗病性较强的中国梨上，病部扩展一般比较缓慢，很少环绕整个枝干。一般只是树皮表层腐烂，形成层不致被害。但是在衰弱的树上或遭受冻害的西洋梨上，病部可深达木质部，破坏形成层，病斑会环绕枝干一周，造成梨树死亡或树势严重削弱。

【发病规律】 病原菌以菌丝体、分生孢子器及子囊壳，在枝干病部越冬，早春树体萌动时，开始产生分生孢子，并随雨水传播，多从伤口侵入。病害一年有两个发生高峰，春季盛发，夏季停止扩展，秋季再次活动，但没有春季严重。

发病与土质、树龄、枝干部位和品种有一定关系。土质为砂质土的梨园，一般发病重，有机质含量高的砂壤土梨园，梨树发病率低；7～8 年生以上的结果树及老树较易发病；在光滑的大枝上或树干分叉处的向阳面容易发病；西洋梨在遭受冻害后容易发病；树势衰弱发病重，树势强则发病轻。

【防治方法】

①加强栽培管理　科学施肥浇水，增施有机肥，控制产量，合理施肥，增强树势是防治该病的重要环节。

②枝干涂白　秋季梨树落叶后，对易感病的品种进行枝干涂白，防止冻伤和日灼。

③进行刮治　春季梨树发芽前刮除病斑。刮治时要注意边缘光滑，刮到病斑以外 0.5～1 厘米处，呈梭形，以便于愈

合。刮后要对伤口及工具用腐必清2～3倍液或9288等农药进行消毒，有良好防效。

④灭菌、防虫及促愈合 春季萌芽前喷5波美度石硫合剂，铲除病原菌。对剪锯口在发芽前涂抹100倍的高浓度萘乙酸水溶液(将萘乙酸原粉先用少量70%酒精溶解后再对水)，既防萌生徒长枝，又促进剪锯口愈合。另外，要注意防治枝干害虫，以减少伤口。

(六)梨黑斑病

【症　状】 梨黑斑病主要危害果实、叶片及新梢。

幼嫩叶片最早发病。开始时出现小黑斑。黑斑近圆形或不正形，后逐渐扩大，潮湿时出现黑色霉层，即为病菌的分生孢子梗及分生孢子。叶片上病斑多时合并为不规则的大斑，引起早期落叶。

幼果受害后，果面上产生漆黑色圆形病斑。病斑逐渐扩大凹陷，并长出黑霉。以后病斑处龟裂，裂缝可深达果心。有时裂口纵横交错，并在裂缝内产生黑霉。病果易脱落。

新梢受害产生的病斑，早期黑色，椭圆形或梭形。以后病斑干枯凹陷，淡褐色，龟裂翘起。

【发病规律】 病菌以分生孢子及菌丝体，在被害枝梢、病叶(包括落于地面的病叶)、病果及树皮上越冬。第二年春季，梨树展叶后，分生孢子通过风雨传播到新叶和新梢上，引起初次侵染。条件适宜时，1～2天即可出现症状。枝条上病斑形成的孢子被风雨传出去后，隔2～3天又会形成一批新孢子。如此可重复10次以上。因此，只要条件合适，该病极易在短期内暴发。

在果树生长季节，一般气温为24℃～28℃，并发生连续阴雨时，有利于本病发生蔓延；树龄10年以上、树势衰弱者，发病严重。日本梨系统一般易感病。

【防治方法】

①做好清园工作 清除枯枝落叶和病果，并结合冬剪，剪除有病枝梢，集中烧毁。

②加强栽培管理 增施有机肥，防止梨树坐果太多，同时避免偏施氮肥、枝梢徒长及园内积水。

③物理保护 果实套袋保护。早期发现病叶、病果，及时摘除。

④喷药保护 发芽前喷5波美度石硫合剂与0.3％五氯酚钠混合液。在果树生长期喷药次数要多些。套袋前，必须打一遍药，打后立即套袋。在雨前喷药效果好。可选用的药剂有：50％多菌灵可湿性粉剂600倍液，7.5％百菌清可湿性粉剂800倍液，50％退菌特可湿性粉剂600倍液等。

四、梨树害虫防治

梨树害虫的种类，在我国大约有300余种。其中发生普遍的有梨大食心虫、梨小食心虫、山楂叶螨、梨实蜂和梨茎蜂等。一般管理粗放，使用药剂少的梨园，食叶性害虫如梨瘤蛾发生比较严重；相反，在栽培管理较好，使用农药较多的果园，螨类、梨木虱和蚧类的发生则比较突出。它们都是主要的防治对象。

（一）梨大食心虫

梨大食心虫，俗称吊死鬼，简称梨大，主要危害梨果和梨芽。

【危害状】 越冬幼虫从花芽基部蛀入，直达花轴髓部。虫孔外有由丝缀连的细小虫粪。被害芽干瘪。越冬后的幼虫转芽为害，芽基留有蛀孔，鳞片被虫丝缀连，不易脱落。花序分离期危害花序，被害严重时，整个花序全部凋萎。幼果被害时，虫果干缩变黑，果柄被虫丝牢固地缠于果台上，悬挂在枝上，经久不落，故称为"吊死鬼"。

【形态特征】 成虫体长 10～12 毫米，翅展 24～26 毫米，虫体暗灰褐色。卵初为乳白色，后变为红色，圆形，稍扁平，长约 1 毫米。幼虫体淡红色。老熟幼虫体背为暗红褐色至暗绿色。蛹黄褐色，长约 13 毫米，腹部末端有 6 根弯曲的钩刺，排成一横列。

【生活史及习性】 梨大食心虫在河南省郑州一年发生 2～3 代。以幼虫在梨芽中结白色小茧越冬，第二年春梨花芽露绿时，越冬幼虫开始出蛰。幼虫出蛰后 7～10 天进入转芽盛期，这是防治的有利时机。4 月下旬开花后，当梨果长到拇指大时开始转入幼果为害。5 月中旬至 6 月上旬在果内化蛹。6 月中旬成虫出现，将卵产于果实萼洼、芽腋处。幼虫孵化后，先危害当年芽，然后再危害果实。第二次成虫在 7 月下旬至 8 月中旬羽化，虫卵几乎都产在芽旁，幼虫多数在芽内为害一段时间后越冬。

梨大食心虫的发生量与气候关系很大，如成虫发生期多雨，湿度大，则发生严重，干旱年份则发生轻。

【防治方法】

①去除虫害芽 冬季修剪时剪除被害芽。鳞片脱落期用竹棍轻敲梨枝，鳞片振而不落的即为被害芽，应及时掰去。

②摘除虫果 5 月中旬以前彻底摘除虫果。由于幼虫转果时间不整齐，应连续摘虫果二三次，并在成虫羽化以前完

成。黄河故道地区应在麦收前全部摘完。

③药剂防治 越冬幼虫出蛰转芽期，施用杀灭菊酯 2 500 倍液，或功夫 4 000 倍液。此期是全年药剂防治的关键时期；在转果期可喷布敌杀死 2 500 倍液或功夫 4 000 倍液。此次喷药，防治效果不如转芽期高，只是弥补转芽期防治的不足，如转芽期防治得好，这时可不必再施药。在第二代成虫的产卵期，必要时可喷布菊酯类农药进行防治。

（二）梨小食心虫

梨小食心虫简称梨小，主要危害梨、桃和苹果，在桃梨混栽梨园果实受害较重。

【危害状】 前期危害桃、杏、李嫩梢，多从新梢顶部第二、第三片叶的叶柄基部蛀入，在髓部向下蛀食，使被害梢端部凋萎、下垂，受害部流出胶液。幼虫多从果实梗洼或萼洼处蛀入，入果孔周围变黑腐烂，内有虫粪。后期蛀果孔小，孔口周围绿色，果内蛀道直达果心，果形不变。

【形态特征】 成虫体长 6～7 毫米，翅展 10.6～15 毫米，灰褐色，前缘具有 10 组白色斜纹，翅面中央有一个小白点，近外缘处有 10 个黑色斑点。卵扁椭圆形，淡黄白色，半透明。末龄幼虫体长 10～13 毫米，淡黄白色或粉红色。蛹纺锤形，黄褐色。茧为灰白色。

【生活史及习性】 梨小食心虫在黄河故道地区一年发生 4～5 代。以老熟幼虫在枝干裂皮缝隙及树干周围的土缝内结茧越冬。次年 3 月份开始化蛹。4 月上中旬成虫羽化。4 月下旬至 5 月初第一代幼虫开始危害桃梢。第二代幼虫也危害桃梢，第三、第四代幼虫在梨果上为害，危害梨果的卵多产在梨果萼洼处或两果接缝处。蛀果盛期在 8 月下旬至 9 月上旬。所以，晚熟品种受害最重。

梨小食心虫对糖、醋、酒的气味和黑光灯有趋性。成虫多在上午 8～9 时羽化，傍晚活动交尾，夜间产卵，卵多产在味甜、皮薄、质细的果实上。

【防治方法】

①避免桃梨混栽 建园时，尽量避免将桃、梨混栽，以杜绝梨小食心虫交替为害。

②做好清园工作 在冬季或早春，刮掉树上的老皮，集中烧毁，清除越冬幼虫。越冬幼虫脱果前，可在树枝、树干上绑草把，诱集越冬幼虫，于来年春季出蛰前取下草把烧毁。

③诱杀成虫 果园内设黑光灯或挂糖醋罐诱杀成虫。糖醋液的比例是：红糖 5 份，酒 5 份，醋 20 份，水 80 份。也可用性诱捕器和农药诱杀，一般每 667 平方米果园挂 15 个性诱捕器。虫口密度高时，要先喷一遍长效专用杀虫剂，然后再挂性诱捕器。

④药剂防治 在成虫发生高峰期及时用药，药剂可用 5％的阿维虫清 5 000 倍液或 25％的蛾螨灵 3 000 倍液等。

（三）梨黄粉虫

梨黄粉虫，又名梨黄粉蚜，俗名膏药顶、黑屁股等。其寄主只有梨。

【危害状】 梨黄粉虫的成虫和若虫，常群集在果实的萼洼部位刺吸果实的汁液。被害部不久变为褐色或黑色，故称为膏药顶。果面上虫量大时，能看到一堆堆的黄粉，此为该虫的卵堆及小若蚜。因此，称其为黄粉蚜。

【形态特征】 梨黄粉虫有干母、普通型、性母和有性型 4 种。其中干母、普通型、性母均为雌性，行孤雌卵生繁殖，形态相似，体形略呈倒卵圆形，鲜黄色，体上有一层薄蜡粉，无翅，无尾片。雌性蚜，长椭圆形，鲜黄色，口器退化。卵椭圆形，淡黄色。若虫形似成虫，仅虫体较小，淡黄色。

【生活史及习性】 黄粉虫一年发生10代左右，以卵在枝干的裂缝翘皮或枝干上的残附物内越冬。第二年4月份，梨树开花时卵孵化，5～6月份陆续转移到果实萼洼、梗洼处，继而蔓延到果面等处。8月中旬危害最重。成虫活动力较差，多喜在背阴处栖息吸食，而套袋果更易遭受危害。

【防治方法】

①早春认真刮除树体上的粗皮、翘皮及附属物，以清除越冬虫卵。

②梨树发芽前，树体喷布5%柴油乳剂杀灭虫卵。

③花前及麦收前后，喷0.2波美度的石硫合剂，并添加0.3%洗衣粉，以增加粘着性。

④在梨黄粉虫害果期喷药，重点是果实的萼洼处。可选用10%吡虫啉可湿性粉剂8000～10000倍液，20%好年冬乳油2000～4000倍液。

（四）梨二叉蚜

梨二叉蚜，又称梨蚜、卷叶蚜。在我国各梨区几乎都有发生。

【危害状】 成虫常群集在芽、叶、嫩梢和茎上吸食汁液，以枝梢顶端的嫩叶受害最重。受害叶片伸展不平，由两侧向正面纵卷成筒状，早期脱落，影响花芽分化与产量，削弱树势。

【形态特征】 无翅胎生雌蚜体长2毫米左右，绿色或黄褐色，常被薄层白粉。有翅胎生雌蚜长1.5毫米，宽0.76毫米。卵椭圆形，黑色，有光泽。若蚜与成蚜相似，体小，绿色。

【生活史及习性】 一年发生10～20代，以卵在芽腋或小枝的粗皮裂缝中越冬。春季危害花序和幼叶，使叶片卷成筒状，不能正常进行光合作用。以梢顶嫩叶受害较重。一般落花后，大量出现卷叶，气候干旱，温度高时，发生严重。麦收后产生有翅蚜虫，飞到其他寄主上为害。落叶前，有翅蚜产生无翅蚜后代，到落叶时长成雌雄两种蚜虫，交配后产卵越冬。

【防治方法】

①在发生数量不大的情况下，摘除被害卷叶，集中处理，消灭蚜虫。

②梨花芽膨大露绿至开裂以前，是防治的关键时期。卷叶后施药效果不好。可喷洒10％吡虫啉可湿性粉剂5 000倍液，或25％敌杀死2 500倍液，或20％杀灭菊酯2 500倍液。

③保护和引放天敌，例如瓢虫、草蛉和食蚜蝇等，对梨二叉蚜有很好的抑制作用。

(五)梨 木 虱

在我国梨区普遍发生危害的为中国梨木虱，有的年份极为严重。

【危害状】 梨木虱的成虫和若虫，多集中于新梢、叶柄处为害，夏、秋季多在叶背取食。若虫在叶片上分泌大量黏液，将相邻两张叶片粘合在一起，若虫隐藏在其中为害，并诱发煤烟病等。当若虫大量发生时，大部分若虫钻到蚜虫为害的卷叶内为害。危害严重时，全叶变成褐色，引起早期落叶。

【形态特征】 冬型成虫黑褐色，夏型成虫黄绿色至淡黄色。卵一端稍尖，具有细柄。越冬成虫早春产的卵为黄色。夏季卵均为乳白色。若虫，体扁椭圆形。初孵若虫淡黄色，夏季各代若虫体色随着虫体的变化，由乳白色变为绿色，老若虫绿色。

【生活史及习性】 该虫在黄河故道地区一年发生5～7代。以成虫在树枝上或树皮裂缝、落叶杂草及土隙中越冬。成虫出蛰后，先集中到新梢上取食为害，交尾产卵。第一代卵出现于3月中旬，越冬成虫出蛰盛期，正是第一代卵出现的初期，这是药剂防治的最有利时期。此时，成虫暴露在枝条上，进行连续防治效果非常好。越冬成虫活泼，善跳跃，主要产卵在短果枝的叶痕上，呈线形排列。以后各代将卵大多产在叶片中脉沟内，且分泌大量糖蜜状黏液。黏液易生黑霉。以后世代重叠，各种虫态同时存在。梨木虱的发生程度与湿度关系极大，干旱季节发生重，降雨季节发生轻。其重要天敌有小花蝽、瓢虫及寄生蜂。

【防治方法】

①冬季刮粗皮，扫落叶，消灭越冬虫源。

②在3月中旬越冬成虫出蛰盛期喷药防治。药剂可选用1.8%爱福丁乳油2 000～3 000倍液，或5%阿维虫清5 000倍液等。

③每年在梨木虱的第一代若虫发生期（约谢花3/4时），第二代卵孵化盛期（5月中旬前后），喷药毒杀。可选用的药剂有：10%吡虫啉可湿性粉剂3 000倍液，1.8%阿维菌素乳油（虫螨光）3 000倍液，0.6%海正灭虫灵3 000倍液，28%硫氰乳油2 000倍液等。

第八章　采后处理和贮藏保鲜

一、认识误区和存在问题

（一）商品意识薄弱

在国外，按梨果的等级标准严格分级，再按果个大小分成不同的规格，从而保证一定等级的规格和产品在任何时候质量和数量都基本相同。而我国国内以规格代替等级，很少考虑用光洁度、果形、糖酸度和硬度等因素对梨果分级，没有形成商品，没有持续稳定的质量，因而难以和国际市场接轨。

（二）商品化处理能力不够

梨果从采收或贮藏到销售前后，在国外一般要进行清洗、打蜡、分级和包装等商品化处理。在我国，仅有屈指可数的几家大型企业具备这种商品化处理的能力。企业要把从千家万户收购来的品质各异的梨果，很难严格按产品外观标准和质量进行分级，很难使质量持续稳定，也很难在分级之前进行细致周到的果实处理。如果在分级之前进行梨果的清洗、打蜡处理，去除果面的污垢，使果面光洁，色泽鲜丽，就可以提高梨果的商品性。

（三）包装和运输难以满足实际需要

梨果出口，需要经过长途的陆运和海运，运输过程中要保持一定的低温(尤其是高温季度)。这就要求梨果的包装纸箱强度要高，托盘的大小和强度要适中，特别是堆码和打包一定要整齐和紧密，做到既不损伤梨的果实，又能经得住长途颠簸而不至松散，保证把优质、新鲜的梨果，安全顺利地运送到海外市场。目前，我国的包装和运输情况，大多还很难达到这个水平。

(四)没有适合我国国情的梨果采后商品化处理技术和设备

在我国，果品是十分重要的农产品。然而，果品生产的科技投入却远远低于其他农产品，尤其是对果品的采后商品化处理的科技投入更低。从 20 世纪 80 年代末开始，我国从国外引进果品商品化处理成套生产线，但设备价格太高，而且只能用于少数几种果品的保鲜和分级，功能单一，设备在一年中，多数时间处于闲置状态，利用率低，效益不高。在生产中，没有适合我国实际情况的梨果采后商品化处理设备。

(五)梨园规模小

我国的经营体制及果农的果园规模不同于发达国家，不利于果品的采后商品化处理技术的推广。因此，必须深化体制改革。

(六)梨园条件差

我国多数梨园自然条件差，农民缺少资金和技术，大部分果农文化水平低，接受新的科学技术困难，而且思想观念落后，品牌意识淡薄。

二、梨果的采后处理

（一）果品采后商品化处理的主要特点

果品的商品化处理，主要包括选果、洗果、打蜡、分级、贴标、包装和贮运等多种作业工序。经过商品化处理后的水果，不仅其外观质量得以改善，水果表皮的尘土、杂质和农药残留物得以去除，还可以减少水分蒸发，防止病菌污染，减轻水果的呼吸强度，延缓衰老，抑制腐烂，延长水果的货架寿命。通过贴标签，还可以增强品牌意识，提高产品的档次和价位，达到优质优价。因此，进行果品商品化处理，对保证水果产品质量、方便贮运、促进销售、便于食用和提高产品的竞争力，具有重要的意义，是水果采摘后的一项十分重要的工作。具体来讲，果品商品化处理，具有以下几个方面的特点：

1. 生产标准化

标准化是严格控制商品质量的有效措施。许多发达国家在果品产销的各个环节，都制定有相应的标准和技术规格，通过标准的制定与实施，来强化流通中的商品质量管理，有利于果品按质论价，优质优价，提高果品档次，使生产者能获得好的经济收益，消费者也能购买到质优鲜嫩的水果商品。

2. 组织产业化

在发达国家，果品采后商品化处理工作，有的是以农户为单位来进行，有的是由少数农户成立的小型合作社为单位来进行，还有的是由许多农户成立的大型合作社为单位来进行。为了增加竞争力，促进销售，合理而又高效率地利用采后处理机械，共同遵守果品质量标准，农业合作社已经开始进一步完善经济过程，把一级合作社聚集起来，组成二级合作社和三级合作社。果品采后商品化处理技术，必须满足购买者和经营者的共同意向，既服务于国际市场，又服务于国内市场。

3. 处理自动化

多数现代化果品采后处理工作站，拥有采收、清洗、预冷、涂蜡、分级、包装和运输等机械。随着电子计算机在分选和计量装置上的应用，以及光电子学在分级装置上的应用，果品采后处理自动化程度将大大提高。自动化的优点在于节省劳动力，提高单位时间内的处理量，克服不同人之间的操作差异。但机械化分选对产品造成的伤害，仍然是果品采后处理实现自动化、机械化的一大障碍，需要加以解决。

4. 设施配套化

现代果品采后商品化处理技术，集采后处理、运输和贮藏为一体，除具有采后处理、分级和包装机械外，还配备了冷藏运输车以及冷藏库和气调库，并将包装车间与冷藏库和气调库连接起来。这些设施的科学选用和合理配套，也是提高工作效率、保障经济效益的一个重要方面。

（二）果品采后处理

1. 果实清洗和消毒

果实采收后，果面上会沾有尘土、残留农药和病虫污染等，严重影响果实的外观品质。如不清洗消毒，会降低果实的商品性，也会加大在贮运过程中果实的腐烂程度。清洗消毒时，所用清洗剂必须满足以下条件：①具有广谱性。②对果实无药害且不影响果实风味。③对人体无害并在果实中无残留。④对环境无污染。⑤价格低廉。

常用的果实清洗剂，有稀盐酸、高锰酸钾、氯化钠和硼酸的水溶液。有时为了洗掉果面上的有机污垢，可在无机清洗剂中加入少量的肥皂液或石油。

2. 果实涂蜡

涂蜡可增加果实的光泽，减少贮运过程中果实水分的损失，防止病虫侵入。涂果用蜡的成分，主要是天然或合成的树脂类物质，并在其中加入一些杀菌剂和植物生长调节剂。果实涂蜡的方法，主要有蘸蜡、刷蜡和喷蜡。涂蜡要求蜡层厚薄均匀，不能太厚。否则，会阻碍果实的正常呼吸作用，在贮运过程中产生异味，导致果实风味迅速变劣。

3. 选果分级

果实采收后，首先要进行选果，剔除病果、虫果和伤果。果实在包装前要根据国家规定的销售分级标准或市场要求，进行严格的分级。果实分级后，同一包装件中的果实，要大小整齐，质量一致，从而有利于销售中以质论价，提高果实的商品价值，增加市场竞争力。筛选出来的果实，可用作加工原料，或及时作降价处理，以减少浪费。梨果分级标准，主要从果实的大小、色泽与形状等方面，把果实分为若干个等级。具体操作时，要按国家行业分级标准执行(表 8-1)。

表 8-1 梨果外观等级规格指标

等　级	特　等　果	一　等　果	二　等　果
基本要求	果实充分发育、成熟，完整良好，新鲜洁净，无异味，无正常外来水分、刺伤、虫果及病害		
色　泽	具有本品种成熟时应具有的色泽。套袋果果面洁净、果点小、颜色浅		
果　形	端正	比较端正	可有缺陷，但不得畸形

续表 8-1

等级		特等果	一等果	二等果
单果重（克）	特大型果	≥400	≥350	≥300
	大型果	≥270	≥230	≥200
	中型果	≥170	≥130	≥100
	小型果	≥80	≥65	≥50
果面缺陷	碰压伤	无	无	允许有轻微碰压伤，面积小于0.5平方厘米
	磨伤	无	无	允许面积小于0.5平方厘米，轻微摩擦伤1处
	果锈	无	允许轻微的果锈，面积不超过0.5平方厘米（套袋果不允许）	允许轻微的果锈，面积不超过1.0平方厘米
	水锈	无	允许轻微薄层，面积不超过0.5平方厘米（套袋果不允许）	允许轻微薄层，面积不超过1.0平方厘米
	药害	无	无	允许轻微薄层，面积不超过0.5平方厘米
	日灼	无	无	允许轻微日灼，面积不超过1.0平方厘米
	雹伤	无	无	允许有轻微雹伤，面积不超过0.4平方厘米
	虫伤	无	无	允许干枯虫伤，面积不超过0.5平方厘米

注：1. 果面缺陷，二等不得超过2项。2. 果锈为其品种特征的梨不受此限

4. 包　装

果实包装，应根据不同品种、不同规格、不同质量的要求，选择符合高档水果贮、运、销要求的包装物。作为包装的容器，应具备一定的强度，以保护果实不受伤害；材质轻便，便于搬运；容器形状应便于码放，适应现代运输方式；具有特定的风格，印刷各种彩色图案，有吸引力，便于产品的宣传和竞争，并符合国内、国际有关规定；成本较低。容器内设有纸格板，每格放一个果实；层间设有隔板，以防果实挤伤。果实用果纸包住，再套上泡沫塑料网套，可起到保护果实、减少果实失水和防止病害蔓延的作用。

5. 运　输

运输是我国目前最易造成果实伤害的环节，原因是果实从采摘到销售，要经过多次装卸、倒换运输工具。为避免损伤，要推广使用机械装卸，采用大容量的运输器具，长途运输采用集装箱。高档果品在运输途中，要有稳定的温度和湿度环境，最理想的是采用通风或冷藏集装箱、平拖车或拖车。这样不仅可以减少中间环节，也便于在公路、铁路和航空运输之间联运。如果条件不允许，则在运输过程中要尽量快装快运、轻装轻卸、运输平稳、防热防冻和通风换气等，把损失降到最低程度。

三、梨果的适时采收和贮藏保鲜

（一）采收前的准备

在采前一个月左右，先估计产量，然后根据产量多少和采收任务的大小，拟订采收工作计划，合理组织劳动力，准备必要的采收用具和材料。搭设采收棚，以便临时存放果实和进行分级与包装。在北方寒冷地区或在寒冷季节采收时，还要备有足够的防寒物及简易的临时贮藏场所。

（二）梨果的成熟标准和适期采收

采收期的早晚，直接影响到果实的产量、品质及贮藏性。采收过早，果实个小，可溶性固形物含量低，贮藏过程中易发生皱皮萎缩；采收过晚，果实硬度下降，贮藏性能降低，树体养分损失大，容易发生大小年和减弱树体的越冬能力。

1. 果实成熟标准

根据果实本身的生理变化和不同的用途，果实成熟度一般分为可采成熟度、食用成熟度和生理成熟度等三种。

(1) 可采成熟度 此时，果实大小已达到可采收的标准，但还未完全成熟，应有的风味和香气还没有充分表现出来，肉质硬，适于贮运以及罐头和蜜饯的加工。

(2) 食用成熟度 此时，果实已充分成熟，并表现出该品种应有的色、香、味，在化学成分和营养价值上也达到最高点，食用品质最佳。这种成熟度，适于供应当地销售，不宜进行长途运输或长期贮藏。作为鲜食或果汁、果酱、果酒的原料，以在这时采收为宜。

(3) 生理成熟度 此时，不但果实达到充分成熟，而且种子在生理上也达到充分成熟。果实内化学成分已开始水解，硬度下降，风味变淡，食用品质下降。但达到生理成熟度后，果实内的种子饱满，且有充足的营养。采收砧木种子或用种子进行果树育种时，应在此时采收。

2. 判断成熟度的方法

判断果实成熟度的方法很多，生产上不能仅靠某一种方法，而必须将几种方法综合采用，才能对成熟度有比较正确的判断。

(1)根据果皮色泽 大部分果实在成熟过程中，果皮色泽会发生明显的变化。如果皮中叶绿素逐渐分解，底色中绿色减退，黄色增加，红色品种逐渐显现出其特有的色泽。对大多数品种来说，底色由绿转黄是果实成熟的重要标志。目前，我国多数地区，生产上大多采用这种方法。此法简单易行，容易掌握，但判断准确性差，缺少具体指标，主要靠经验。

(2)根据果肉硬度 果实在成熟过程中，原来不溶解的原果胶变成可溶解的果胶，硬度逐渐降低。用果实硬度计测定果肉的硬度，根据果实的硬度可判断其是否成熟，简单易行。但不同年份，同一成熟度的果实硬度有一定变化。

(3)根据果实脱落的难易程度 果实成熟时，其果柄和果枝间形成了离层，稍加触动，即可脱落。可依此判断果实成熟度。

(4)根据果实发育的天数 果实从坐果至成熟所需的发育天数，在一定的条件下是相对稳定的。因此，可根据某一品种的果实发育的天数，来推算其成熟期。但在不同年份，因气候、肥水等的变化，其成熟期也存在差异。

3. 适宜采收期的确定

根据成熟度的标准和判断成熟度的方法，按照实际的需要和目的，确定最适宜的采收期。如采后就近直接供应市场，可在充分成熟时采收，以体现该品种的风味；采后长距离运输、贮藏延期上市的，可适当提早采收；加工用果品，应根据加工目标确定采收成熟度；树体衰弱、管理粗放和病虫害严重而引起早期落叶的树，必须及时采收，以免影响枝芽充实，减弱越冬能力。有些品种，同一树上果实的成熟期也不一致，应分期采收。

4. 采收方法

梨果含水量较大，而且果皮薄，只能采用人工采收。采果人员要剪短指甲，最好佩戴手套。采收过程中，要尽量使果实完整无损。供采果用的筐、篓，其内要铺垫麻袋片等软物。采果时，要轻拿轻放，尽量减少转换筐(篓)的次数。运输过程中，要防止挤、压、碰等，以避免碰伤和擦伤。

采果应避开阴雨天气和露水未干时进行。因为此时果实较脆，易引起受伤，果面潮湿，易引起果实腐烂。还应避开中午高温时采果。因为此时果温较高，采后堆在一起不易散热，对贮藏不利。

采收时先用手轻握果实，食指压住果柄基部(靠近枝条处)，向上侧翻转果实，使果柄从基部脱落。采下的果实要保留果柄，并尽量保护好果粉及蜡质，以免果实等级降低，造成经济损失。

采收作业中应多用梯、凳，少上树，并按“先外后内，先下后上”的顺序进行采摘，以免碰落或碰伤其他果实，减少损失，并尽量在较短时间内完成。如果劳力不足，可考虑分批采收，先采树冠外围和上层的果，后采内膛和下部的果。因为内膛和下部果实的光照和营养条件较差，成熟较晚。

(三)梨果的贮藏保鲜

梨果是季产年销的果品，大部分果实需经一定时间贮藏后，才陆续上市销售或加工。梨果采后的贮藏保鲜，是缓解市场压力，实现周年均衡供应的重要手段。

1. 贮藏保鲜的条件

在梨果的贮藏环境中，影响其耐贮性和抗病性的主要因素为温度、湿度和气体成分。

(1)温　度　温度是梨果贮藏保鲜最重要的条件。适宜的温度,可有效地抑制梨果的呼吸作用,延迟果实的后熟,还可以控制病菌的孳生,降低果实水分蒸发速度。

梨果的贮藏温度,主要取决于果实的冰点温度。一般认为,略高于冰点的温度是梨果最理想的贮藏温度。梨的冰点为－1.5℃～－3℃,但不同品种之间存在着较大的差异。在实际操作中,考虑到安全性和品种的差异,贮温可适当提高。中国梨(尤其是脆肉型梨)水分含量大,糖度较低,一般适宜贮温为 0℃左右,不能高于 5℃。否则,会加速果实衰老和增加腐烂率。大多数西洋梨品种适宜贮温为－1℃。在贮藏过程中,梨果可溶性固形物的含量会有所提高,水分含量降低,引起梨果的冰点逐渐下降,因此,随着贮藏期的延长,逐步降低贮温,可使贮藏寿命明显延长。

梨果采收后,原则上应尽快冷却到适宜低温。如果降温缓慢,软肉型的果肉极易变软后熟,脆肉型果实的黑心和腐烂病将会加重,对贮藏极为不利。但有些品种如鸭梨,采后降温过快会引起伤害,果实黑心病反而会加重,采用缓慢降温的方法效果较好。如鸭梨采后先在 10℃～12℃的温度下贮藏7～10 天,以后每 3 天降 1℃,经过 30～40 天降到 0℃。

(2)湿　度　梨果失水 5%时即出现皱皮,不仅影响外观,也影响梨果的品质。梨果皮薄,汁多,极易失水。在相同条件下,梨比苹果失水要快 85%～95%。梨果在贮藏过程中,在较高的相对湿度条件下,可有效地降低果实水分的散失,减少自然损耗,使其保持新鲜饱满状态。但是,如果湿度过大,会增加低温伤害,加重腐烂。一般利用土窑洞贮藏,空气相对湿度应保持在 85%～90%;冷库贮藏,空气相对湿度应保持在 90%～95%。对于二氧化碳较不敏感的品种采用包纸（尤其是蜡纸）、塑料薄膜单果包装和贮藏箱内衬塑料薄膜等材料，基本可解决果实失水问题，如秋白梨、南国梨和酥梨等。

此外，梨果的失水程度，与果实某些性状和贮藏温度有关。通常果皮蜡质厚、皮孔少而小、果胶含量高的梨果失水少；温度越低，梨果失水越少，温度降至0℃以下，失水几乎停止。

(3)气体成分 在梨果的贮藏环境中，适当提高二氧化碳浓度，降低氧气浓度，可抑制梨果的呼吸强度，从而保持梨果的硬度和果皮色泽，减少自然失水，提高果实贮藏的质量；抑制真菌病害的发展，延缓黑心、黑皮等生理病害的发生。但梨果大多数品种对二氧化碳比较敏感，不同品种对氧气和二氧化碳浓度的适宜指标，存在很大的差异。例如，鸭梨贮藏环境的适宜气体指标为氧气10%～12%，二氧化碳小于0.7%；库尔勒香梨为氧气8%，二氧化碳1%；二十世纪梨为氧气3%，二氧化碳等于或小于1%；巴梨为氧气1.5%，二氧化碳0.5%。因此，对于新培育品种的果实贮藏环境要通过试验，确定它们适宜的氧气和二氧化碳浓度指标，防止低氧伤害和二氧化碳中毒。

此外，梨果在贮藏过程中，减少乙烯生成，消除贮藏环境中的乙烯，可明显延长果实的贮藏寿命，提高果实的内外品质。采用高锰酸钾可分解乙烯，气调贮藏也可抑制乙烯的产生。近年来，一种乙烯抑制剂1-甲基环丙烯（1-MCP），使用效果明显，尤其对软肉梨，在贮藏前期可基本抑制乙烯的产生。

2. 贮藏保鲜的方法

(1)土窑洞贮藏 土窑洞贮藏起源于我国西北黄土高原

地区，其贮藏原理是利用昼夜温差和不同季节的温差，依靠深厚土层的蓄冷和保温能力，从而获得较低且相对稳定的贮藏温度。根据研究推算，在年平均气温不超过14℃的地区，均可采用土窑洞贮藏。

①类型和结构 按建造方法的不同，土窑洞可分为掏挖式和开挖式两种类型。土壤质地黏重、土层深厚的地方多建掏挖式，一般顶土层厚5米以上，隔热性能好，造价低。平原地区不便掏挖的地方，可按建设窑体的平面面积，先深挖地面，再用砖石等建成窑形，将窑洞建在地下，最后回填到原地面高度，一般窑顶高度需4米以上。

根据窑洞结构的不同也可分为若干类型，其中大平窑具有结构简单、建造容易、通风流畅和降温快等特点。但贮量小、贮果后通道窄、出库不便。大平窑主要由窑门、窑身和通气孔三部分组成。其结构特点如下：

窑身：窑身是贮果部位，一般宽2.5～2.8米，长30～60米。窑身过短，贮果量少，窑内温度波动大；窑身过长，前后温差较大，管理不便。窑身断面为尖拱形，一般高3米左右，两侧距地面高1.5米，往下的墙壁和地面保持垂直。整个窑顶的最高点在窑门外侧小气窗的上端。窑底和窑顶平行，由外向内缓慢降低，降比约1%，以有利于窑外冷空气流入窑内。

窑门：窑门高约3米，和窑身高度一致，门宽1.2～2米，门道长4～6米。门道前后安装两道门。头道门为密封门，关闭时能阻止窑洞内外空气对流、防热和防冻。二道门做成铁纱窗门，兼有通风和防鼠等作用。两道门的最高处应分别留一个长约50厘米的小气窗。门口悬挂棉门帘，可以起到保温隔热作用。门道最好用砖石砌成拱形，以提高窑门的坚固性。

通气孔：通气孔建于窑身后部，从窑底一直通向地面，内径为1～1.2米，高出地面约2米，用砖砌成。窑身后壁最高处设一个通气窗，下部设一个清洁窗。

②管理　土窑洞依靠自然冷源降温。能否及时、充分并最大限度地利用外界低温，使窑温下降到果实贮藏所需的低温，并尽量减少冷耗，保持适宜的温、湿度环境，是窑洞贮藏管理的主要任务。土窑洞梨果贮藏的管理，主要分为秋季管理、冬季管理和春、夏季管理。

秋季管理：果实入库前后，应充分利用晚间低温和寒流的影响，在外界温度低于窑温时，打开窑门和通气孔，使窑内充分通风换气，迅速降低窑温，直至窑温和果实温度降到0℃。

梨果采收时气温较高，这时直接入窑很难保持较低的贮温，一般果实需经过1～2个夜晚预冷后方可入窑。入窑时间最好安排在清晨，这时果温和气温均较低，不易引起窑温升高。

果箱堆放时要注意通风。垛下用砖或枕木垫高10厘米左右，果箱间距5厘米左右。果垛要避开通风口，垛与垛之间留适当宽度的通道，垛与窑壁、窑顶应保持一定的距离。

冬季管理：此期外界气温较低，在果实温度不低于0℃时的前提下充分通风，尽量增加窑洞四壁的低温土层厚度，蓄积较多的冷气，推迟春季气温回升对窑温的影响。但外界冷空气经过门道进窑后，温度不应低于－2～－1℃。应覆盖保护靠近窑门的果实，以免受冻，并利用门上的小窗进行小循环，继续排热。如果果实在冬季出窑，出窑后应最大限度地降低窑温，为次年秋季贮藏创造条件。

春夏季管理：立春之后外界气温开始回升，方法与秋季管理相同。但每隔3～5天应于夜间通风换气一次，以排除二氧化碳、乙烯等不良气体。果实出窑后，应及时进行打扫，用土坯砌堵窑洞口，用草泥封严窑门和通气孔，以减少外部高温对窑体的影响。

(2)通风库贮藏 通风库是华北北部、东北等地区水果的主要贮藏方式。

①类型和结构 通风库可分为地下式和半地下式两种。在华北地下水位较低的地区，适宜建地下式，有利于降低库内温度和防止冬季温度过低而发生冻害。在南方地区，由于地下水位较高，适宜建半地下式。

通风库一般宽3米左右，高2～3米，长5～10米(可根据贮量适当加长)，用砖砌成拱形。库体以南北方向为宜，入口以朝北或西北方向最好，入口处应修成斜坡或阶梯，以便于出入和管理。地下式，窑顶土层要求达到70厘米以上，以保持秋季入库时的低温和冬季防寒。半地下式，一般高出地面30厘米左右。四角设有导气筒，从库底直通库顶，高出地面10～20厘米。库顶中部设出风口，高出地面0.8～1米，并安装轴流风机；或者以门作出风口，在库门对面墙壁的顶部设排风口，安装轴流风机。风机的大小，以每小时风量为库容体积的10～15倍为宜。

②管 理 果实入库前，应将库内彻底打扫干净，再用100倍福尔马林溶液喷洒库墙、库顶及地面，密闭24小时，进行消毒灭菌处理，以降低病菌基数，减少果实腐烂。由于梨果对二氧化硫较敏感，因此不宜采用硫黄熏蒸的方法消毒。入库前1～2天，如果库内湿度过低，可在地面适当喷水。其他管理与土窑洞相同。

(3)冷库贮藏 冷库贮藏是在保温性能良好的库房中，安装机械制冷设备，控制库内的温度、湿度和通风的贮藏方法。冷库可人为地调控库内的温度，不受季节限制，能充分满足梨果对低温的需求，是目前较好的贮藏方法。

①类型和结构 冷库主要有砖砌式和装配组合式两种。砖砌式，采用砖砌混凝土结构，内层安装隔热材料和防潮材料，砖墙外用水泥抹面，以防止潮湿。装配组合式，由金属构架和夹心板拼装而成。夹心板一般采用两层涂塑镀锌钢板或合金铝板，中间夹有 10～15 厘米厚的聚苯乙烯或聚氨酯泡沫塑料，先做成预制件，然后组装墙体和屋顶。

制冷设备，主要包括压缩机组、冷凝器、蒸发器、贮液器和膨胀阀等。其中压缩机为最主要部分。根据制冷剂的不同，可分为氨压缩机组（简称氨机）和氟压缩机组（简称氟机）。氨具有强烈特殊气味，对人体有害，为可燃物，达到一定浓度时，遇火焰会发生爆炸，因此在操作过程中应多加注意。氨机为开启式，机组设备较为复杂，但制冷量大，价格相对较为便宜，在我国大型冷库所使用的多为氨机。氟机结构紧凑，安装方便快捷，容易控制。氟机可分为开启式、半封闭式和全封闭式。目前，我国采用的氟机主要是半封闭式，在中、小型冷库中运用较多。

在土窑洞基础上安装制冷机设备，可在果实入库前期外界气温高时，利用机械制冷降低库温。冬季气温降至 0℃左右时，停止机械制冷。次年春天，外界气温回升、窑温上升时，再使用机械制冷，使窑内温度始终保持在 0℃左右，保持良好的贮藏效果，且大大减少冷库贮藏费用。

②管　理 冷库管理主要是调控库内的温度、湿度和通风换气。

调控温度：入库前开机制冷，将库温降到 0℃。果实先经 1～2 个夜晚的预冷后，于清晨入库，每天入库量不超过库容量的 1/10。梨果贮藏过程中，应保持库温恒定，冷库内具有代表性测温点的温度波动范围，要严格控制在0.5℃～1℃。入库初期，每天至少检测库温和相对湿度两次，而后每天检测一次，并做好记录。鸭梨对降温非常敏感，直接降温易患黑心病，应采用缓慢降温方式。果实出库前，应先在库内经过缓慢升温，使果实与外界温差小于5℃时再出库。

调控湿度：冷库内应保持各种果实要求的相对湿度，大多数梨果为90%～95%。当库内湿度过低时，可用挂湿麻袋或地面撒湿锯末、湿蛭石等方法增湿。但不要在地面直接洒水，否则水渗入隔热层后影响隔热效果和损坏隔热层。

通风换气：果实在贮藏过程中，会释放出二氧化碳和乙烯等不利于贮藏的气体。当库内二氧化碳浓度大于1%或有浓郁的果香时，应通风换气。一般每隔2～3天通风一次，每次为30分钟，时间应选在清晨气温较低时。也可在靠近风机回风处放置石灰和乙烯脱除剂。

(4)气调贮藏 气调贮藏是在冷藏的基础上，利用气调设备人工调控库内气体成分的贮藏方式。气调贮藏库类型很多，结构不一。按照气调的方式可分为简易气调库和气调库。

①简易气调库 简易气调库指在冷库、土窑洞和通风库等贮藏场所内，用塑料薄膜将果实密闭起来，利用塑料薄膜具有一定透气性的特点，形成一个个小的气调环境。简易气调库可分为塑料袋小包装贮藏、塑料大帐贮藏和硅橡胶调气窗贮藏等。由于梨果对氧气和二氧化碳浓度的要求较为严格，而小包装又不便调节气体成分，因而多采用塑料大帐气调法和硅橡胶调气窗法。硅橡胶调气窗法，实际上是在塑料大帐气调法的基础上，镶嵌一定面积的硅橡胶薄膜。现简介如下：

塑料薄膜帐的制备：选用厚度为0.15～0.2毫米的聚乙烯或无毒聚氯乙烯薄膜为材料，制成长2～4米，宽2～3米，高 3.5～4 米的帐子。制作时，先用薄膜热合成无底的长方形帐体，再用一块比帐顶的长、宽分别多出约 20 厘米的薄膜做帐底。在帐体相对两个面的中间部位，各安装一个气门嘴作为取气样孔，在一个取气样孔的上部和对面取气样孔的下部，各剪出一个直径 15 厘米的小孔，热合上约 40 厘米长的塑料筒，分别作为充气袖口和抽气袖口。

为了有利于调节帐内气体成分，还可以在帐体上镶嵌一定面积的硅橡胶薄膜，制成硅橡胶调气窗。硅橡胶薄膜具有特殊透气性，与普通塑料膜相比，不仅透气量大，而且二氧化碳和氧气的渗透比较大，有利于维持帐内的低二氧化碳水平。硅窗的面积一般为每吨果实 0.3～0.6 平方米，贮温低时面积可小些；反之则大些。

果实入帐：果实采收后应及时入帐，最好在 1～2 天内完成，最迟不超过 5 天。拖延太久会降低气调的效果。入库时，先铺好帐底，上面垒些放置果箱的砖垛(高为 30～40 厘米)。在砖垛间放入一些消石灰，数量占果重 5%～10%，以吸收果实释放的二氧化碳。然后将果箱码放于砖垛上。为吸收果实释放的乙烯，可在垛顶放置一些吸足高锰酸钾溶液的碎砖块或天然沸石。具体方法是，将直径为 1～1.5 厘米的碎砖块，放入饱和高锰酸钾溶液中浸透，捞出后沥净余液，用纱布包成小包，按占果重 1%的比例，分散放置在果垛顶部。最后扣上帐体，将四边与帐底卷在一起，用砖压紧，勿使漏气。帐顶应做成尖形，而且帐体应支起，使其与果箱不接触，以免帐内壁上凝结的水珠弄湿果箱。将两个取气孔套上乳胶管，用夹子夹紧；将充气和抽气袖口也扎紧。这样，帐内就形成一个相对密闭的气调环境。

贮期管理：贮藏场所的温度调控按前面叙述方法进行即

可。帐内气体成分,应根据各品种的要求严格控制。封帐后,随着果实的呼吸代谢,帐内氧气浓度逐渐降低,二氧化碳浓度逐渐升高。这时可适当充入氮气,使氧气被迅速被稀释。在贮藏初期,应每天测气1～2次。气体成分稳定后,每3～5天测一次。当氧气浓度低于或二氧化碳浓度高于所要求的气体指标时,应及时适量通风换气,加以调节。

②气调库 气调库是指在机械制冷的基础上,使库房具有隔热保温和高度气密的双重性能,同时配置气调系统的贮藏库。现代化的气调库还需要二氧化碳脱除机、乙烯脱除机以及相应的温湿度、气体成分检测控制系统。气调库按冷却方式可分为内冷式和外冷式;按气调方式可分为快速气调、低氧贮藏(或称超低氧贮藏)、低乙烯贮藏、减压贮藏(又称低压贮藏)、变动气调(简称DCA)和双相变动气调(国际上称之为中国气调)等。按建筑材料可分为砖砌式和装配组合式。

气调库是在传统的冷库基础上发展而来的,但在建筑结构和使用管理上有很大区别。主要表现在:

气密性:气调库不仅要求围护结构保温隔热、防潮,减少与外界的冷热交换,而且库体墙壁四周、库门及所有进出管线连接处均严格密封,尽可能减少库内外气体交换,以便调节库内气体成分,减少或避免外界气体对库内气体成分的干扰。

安全性:气调库对围护结构气密性要求较严,在降温、调气过程中,随着库内温度、压力的变化,使围护结构的两侧产生压差,从而会破坏气密层,甚至围护结构发生胀裂或塌陷。为了平衡和减少库内外间的压差,气调库必须设有安全阀和调气袋。

快进快出库:梨果进入气调状态的时间越快越好。否则,会影响贮藏效果。因此,气调库贮藏要求果实入库速度快,尽快装满、封门并调气。贮藏过程中，要尽可能减少开门次数；出库时，最好一次性全部出库，或短期内分批出完。

满库贮藏：库内除留出必要的通风、检查通道外，梨果应尽量高堆满装，以缩短梨果进入气调状态的时间，提高库容利用系数，降低制冷、调气运行成本。

梨果气调贮藏虽能获得更好的贮藏效果，但不同品种间的梨果对气调指标的要求差异较大。若控制不当，极易造成二氧化碳中毒或无氧呼吸，反而降低贮藏效果，甚至造成很大的损失。因此，必须根据不同品种的特性，每库仅存放单一品种或贮藏条件相近的品种，以便严格控制库内的温度、湿度和气体等环境条件。

第九章　产品营销

我国是一个果业大国，加入世界贸易组织（WTO）以后，我国的梨果进入世界贸易市场有很大的潜在优势。梨是我国原产的一个树种，梨果以种类多、外观好、货架期长、耐贮运和即采即食等优点，备受国外西洋梨和日、韩等以砂梨系统为主的生产国的青睐。在这种大好形势下，搞好梨果名优产品的生产、创牌、经营和销售等都很重要。在梨果规模化生产的基础上，需要有一批优秀的促销人员和适当的广告宣传相配合，才能打开优质梨的销路。

一、梨果的营销

梨农生产出优质的梨果后，必须尽可能地使顾客了解其产品的特点，只有在顾客对其有所认识后，才能打开销路，扩大销量，从而使产品成为商品而获得经济效益。从产品变为商品，需要一些促销手段，促销可以促进流通，增加效益。随着市场经济的发展，我国梨果的流通已经广泛开展。只懂得生产、不懂销售和等顾客上门的做法，已经行不通了。为了避免生产的优质梨销售迟缓、积压、腐烂，在流通过程中造成损失的现象发生，必须采用适当的促销方式。

（一）促销在梨果销售中的作用

促销，就是生产者或经营者通过适当方式，将梨果的相关信息传递给顾客，让经营者或消费者购买而进行的市场营销活动，同时可以获得顾客的具体意见和要求。销售者也是销售信息的传递者，通过各种方式有意识地把具有说服力的信息，传播给目标顾客，吸引顾客，使获得信息者产生购买的反应，以达到增加销售的目的。

促销能突出果品的特点，既有利于创造名牌，也有利于掌握供求动态。在促销活动过程中，传播果品信息给市场的同时，也获得了市场需求信息。通过各种形式的促销，可以稳定老顾客，争取新顾客，增加果品销售量。

(二)促销方式

促销方式，大致可以分为广告促销、人员促销、价格促销、名品促销和公共关系促销等。在各种促销活动中，由于各种促销方式各有其优点和不足，因此在实际操作中，往往不是单纯地使用某一种促销方式，而是几种促销方式并用，以达到最好的促销效果。

1. 广告促销

通过各种媒体宣传自己的产品，这是商品社会促销的主要形式。在商品社会里，广告促销是主要的促销手段。广告促销可采用的媒体有电视、计算机网络、报纸、电台、杂志、街头灯光广告、汽车广告、传单和招贴画等。选择适当的媒体和适当的时机，是广告促销成功的关键。广告的作用有以下几个方面：

(1)加速流通，扩大销售 在梨的产地往往产品积压，销售不出去，而一些地区却存在买果难的现象。广告可以在生产地与需求地之间架起一个信息桥梁，起到相互沟通的作用，以促进梨果流通扩大产品销路。

(2)树立产品形象，增加知名度 广告宣传可以让产品的品牌、质量和特点，给消费者以深刻印象，使消费者产生购买的欲望，从而产生购买行为。产品的形象一旦在消费者中产生了反应，树立起良好的形象和声誉之后，产品的销路自然上升。

(3)刺激销售，美化环境 利用广告传递梨果信息给市场的时候，新老客户都可以通过媒体对产品的产地、特征、品种、质量、价格和数量等有所了解。精美的广告，可以美化市场环境，取悦消费者，对顾客产生吸引力，刺激销售。

(4)广告促销需要注意宣传的时机和力度，广告设计要恰到好处 若宣传的时机不对，就会花费了宣传费还达不到宣传的效果；广告设计若不能给人以美的享受，就很难吸引顾客。人人都有好奇心，愿意了解新事物。有创意的广告设计，设计新颖的广告，对人很有吸引力。广告的设计要遵循真实性、政策性、思想性和民俗性等原则。在国家政策许可的范围内，向消费者提供健康、切实可行的真实信息。应该注意的是，好的宣传能吸引人的注意力，但宣传过了头，就会造成人们的反感，容易使人们产生厌烦情绪。所以，结合广告宣传，需要向消费者介绍梨的营养价值和品种知识，给消费者提供观看梨花和梨果挂枝头的实景，甚至组织顾客进行品尝等，使广告的作用充分发挥，达到扩大销售的目的。

2. 人员促销

人员促销，是推销人员根据市场学、心理学和外语等基础知识，并采用公共关系的各种技巧，向中间商、消费者宣传有关梨果的信息，使顾客产生购买行为的一种促销方式。主要要求促销人员具备比较高的专业理论知识和梨果的营销知识，培养一批训练有素的推销人员，是人员推销成功的关键。据有关资料显示，美国在园艺产品方面，经过专业训练的推销人员有600多万人。我国也需加速促销人员培训的步伐。

人员促销是一种最有效的推销方式。在推销过程中，推销人员和顾客可以面对面地交流，让顾客产生信任感和真实感，促成顾客及时购买。虽然梨果的货架期比较长，但毕竟是易烂的果品，不易长期贮存，及时销售则可以减少损失。所以，采用最直接的推销方式——人员促销，以加快销售速度很有必要。

(1)人员促销的优点 人员促销的优点有以下几个方面：

①目的性强 促销人员和顾客直接接触，可以从顾客的言行中了解他们的愿望和动机，有针对性地向他们做宣传、说服工作，使顾客产生购买行为。还可以根据具体情况随机应变，对顾客提出的问题及时回答，消除顾客心中的疑问，增强购买信心。

②获得市场信息及时 促销人员是企业的代表，在推销过程中，通过和顾客直接的接触，密切了企业和顾客之间的关系，建立稳定的销售渠道的同时，顾客把他们的需求信息及时传递给推销人员。推销人员在推销过程中，收集到的市场信息、竞争对手情况和顾客情况等各种信息，能及时传递给企业，使企业及时调整经营策略，以促进梨果的销售。

(2)促销人员的条件 人员促销是在人的参与下进行的，推销人员的素质和推销技巧，对人员促销的成功与否起很大作用。推销人员应该具备以下素质：

①敬业精神 促销人员在传播物质的同时，也在为社会传播精神文明，肩负着企业和顾客之间的联系，促进商品流通的重要任务。推销人员必须遵守国家的各项政策法规，以树立企业形象为己任，以为顾客服务为目标，以促进销售为目的。推销人员必须有很高的敬业精神，有很强的责任感、强烈

的工作热情和完成销售任务的信心。因此，只有在此基础上，推销人员才能想方设法做好推销工作，克服各种困难，做到为顾客排忧解难，热心为顾客服务，百问不烦，微笑服务，以博得顾客的好感和信任。

②**丰富的业务知识** 促销人员应具有广泛的知识，必须掌握梨果的品种特性、产地、栽培管理、生产规模、贮运特性、质量和价格等知识，也需要了解经营对手的梨果经营情况，必须做到懂市场知识，知己知彼，知顾客需求。在应用市场调查和预测等多种方法的基础上，对市场的销售趋势做出预测，捕捉有用的市场信息，挖掘潜在的市场。

③**灵活的推销技巧** 推销人员要有端庄的仪表、文雅的谈吐和悦耳的语言，能给顾客留下一种亲切、诚实、彬彬有礼的第一印象。这是缩短推销员和顾客之间心理距离的先决条件。对不同顾客的需求、爱好、生活方式、生活环境和身份地位，要灵活运用推销技巧。对直接接触的顾客采用攻心宣传，随时掌握顾客的心理状态。因人而异，投其所好，采用不同的劝说方式。比如说，对中、老年人主要讲梨果的保健作用，梨果富含维生素 A，可以润肌肤，养毛发，减皱纹，减缓衰老等作用；对年轻的父母和青少年，着重讲梨果的营养价值，如润肺、保护视力、增加微量元素和维生素含量丰富等营养作用；对中间商，着重介绍该品种的市场需求、价格和预计利润等，使中间商感兴趣而采取批量购买的行为。

④**良好的身体素质** 推销人员除了应具有以上提到的素质之外，还应具有良好的身体素质。推销是一项艰苦的工作，大多数时候需要连续工作很长时间。工作的性质要求推销人员必须具备健康的体魄，在长时间的工作之中，仍然能保持头脑清醒，思维敏捷。

3. 价格促销

对于刚投放市场的新品种，为了让顾客对新产品有所了解，刺激顾客购买，并发掘潜在顾客，在广告宣传的基础上，还应采用价格促销的手段，使产品迅速投放市场，占领市场。让利销售、优惠价展销和赠送纪念品等手段，都会让顾客心动，使顾客有一种难得的紧迫感，害怕过了这个村，没有这个店，使顾客当机立断，马上采取购买行为。

当顾客对果品有了一定的了解，首次购买和再次购买的人数增多，销量增加，利润上升时，促销的重点是树立产品的品牌形象，扩大知名度，刺激顾客对产品的进一步需求。

4. 名品促销

名品，是靠地理优势和管理优势等，使地方个性化的品种成为名牌产品。越是个性化鲜明的品种，越易稳坐名品宝座。如新疆的库尔勒香梨、辽宁的南果梨、河北鸭梨、四川金花梨和砀山酥梨等，都属于地方名品，异地引种时，产品的质量难以与原产地的质量相匹敌。但也有例外的情况。2001年砀山酥梨的销路已经出现严重的问题，但陕西渭南引种的砀山酥梨却不愁卖，广东的商户早在梨果成熟前就下了订单。这是因为砀山酥梨在陕西渭南的品质优于安徽砀山。名品具有明显的促销优势，顾客慕名购买，使名品更加畅销。每一种产品都有其生命周期，都要经过投入期、成长期、成熟期和衰老期四个过程。名品也不例外。对于已经打入市场，栽培技术已经成熟，生产成本低，产量已经形成规模的名品，消费者对产品已经熟悉，销量稳增，利润上升。这时的名品要着重更新完善，提高名品质量，改进包装，增加产品特色，开发新市场，扩大产品的知名度，提供优质服务，采取一系列的措施，使名品的销售渠道更加稳定。只顾名品开发，不顾品牌形象的维护，不从名品中做进一步的提纯复壮、优化品质、改进包装和增加售后服务等工作，甚至以假劣低质的产品投放市场，试图牟利，最终必然会砸掉名品的品牌，被市场所淘汰。

靠科学栽培管理，可以出名品。内在质量很好的普通品种，采用精细的管理，科学的方法，可以使旧品种换新颜。最明显的例子，是现在市场上的梨品牌水晶梨，因其品质特别优良而大受消费者的欢迎。但是，新高芽变、新世纪、二十世纪、金二十世纪和黄金梨，甚至日本品种新高、幸水、丰水等一些品种，在栽培管理中采用套袋技术，使果实晶莹透明似水晶梨，外观非常美，在市场上也大受欢迎。实践证明，许多品种的果实套袋后，都可以提高果实的外观品质，使果实表面光滑，洁净，透明，色泽诱人。对于不同的品种，需要采用不同的管理栽培技术，使该品种的潜在优势发挥出来，创出名牌，促进销售，以获得更大的利润。

靠新优品种出名品。消费者对市场上常见的那几种梨见得多了，会对该产品品牌失去兴趣，而对于新推出的颜色异样、形状不同、品质特优的梨果，却都有想尝一尝的想法。所以新优品种也可以促进销售。市场上大多数梨为黄绿色或黄褐色。目前市场上出现少量红色的梨，售价很高。2001 年 10 月，在烟台果蔬展览会上，竟出现一个梨标出 100 元的天价。“新”可以满足人们的好奇心，再加上媒体的炒作，使种植者和消费者都一拥而上，使其成为名品，达到扩大销售的目的。名品的规模是效益的前提，在保证名品质量的前提下，每年都得有一定量的果品供应市场，达到一定的市场投放率，稳定市场销售量，使名品的位置在顾客的心中保持下去。

名品产生后，需要靠产地各方相互配合，使产品销路畅通，尤其是对待外地客户，应提供尽可能的方便条件，使他们高兴而来、满意而归。外地客户是传播信息的使者，能使他们满足，他们不仅会再次购买，而且还会拉来新的客户，从而使果品的市场更广阔。有了市场，梨农的效益自然也好。切忌强迫客户购买、以次充好、短斤缺两等只顾眼前利益的行为发生。

5. 公共关系促销

利用公共关系活动，促进梨果销售是商品经济社会高度发展的产物。在市场营销活动中，为了获得企业内外对企业的了解和支持，树立企业良好的市场形象，扩大企业的知名度，密切企业与消费者之间的关系，增强市场竞争力等，所采取的一系列活动，称为公共关系促销。

在公共关系促销活动中，企业利用各种媒体、各种方式促销自己的产品，是为了给企业带来效益，但也必须考虑给社会公众带来的利益。在多方面都有利的情况下，自身的利益才能实现。信誉是无形的财富，是企业生存、发展的重要条件。企业应视信誉为命根子，严守信誉，在消费者、中间商、金融界以及社会各界中，留下良好的企业形象。这是企业发展的保障。公共关系的活动方式有多种，常用的方式有以下几种：

(1)利用信息渠道向公众传递信息 电视台、广播电台和报纸等新闻报道，具有相当高的权威性和说服力，能得到人们的信任，不会引起人们的逆反心理。所以，利用这些媒体传递信息，能起到更大的促销作用。

(2)聚会传递信息 举办展览会、记者招待会和商品交易会等集会，传递梨果销售信息，也是一种很好的促销方法。集会使来自各方的人士会聚一堂，通过报告演讲、视听材料等把有关梨果的产量、品质与品牌等销售信息，传播给社会公众。组织来访者参观梨园，观看盛开的梨花或果实累累的丰收景象，或进行品尝活动。通过这些活动，给参观者留下深刻的印象，让参观者替企业宣传，促进销售。1996 年 4 月，湖北省枝江市百里洲镇举行梨花笔会，近百名新闻单位的记者、学者云集百里洲镇，挥笔泼墨，赏花吟诗，领略梨园美好景色。组织者借此机会把百里洲镇的砂梨生产状况、发展环境和产品质量等介绍给他们。此次宣传活动，使百里洲镇的砂梨供不应求，以后以每年平均 20％的递增速度流向国内市场，使本地的梨果产业得到了很大的发展。

(3) 名人效应　聘请有名的专家作顾问或作代言人，宣传产品，可以利用名人广泛的社会交往活动进行宣传。专家的讲话会使听众产生信任感，尤其是在商品大潮中，广告铺天盖地，消费者不知所措，该信哪家产品，名人有名人的名誉担保，容易令人信服。

(4) 树立良好的企业形象　友好地接待各方来访者、来电来函者，彬彬有礼的接待，温文尔雅的言谈，把企业的良好形象传递给他们，使客户愿来购买，也愿意把市场信息反馈给企业。企业可以发扬已有的优点，改进工作中的不足，根据市场动态，及时调整企业经营方针。对于抱怨者、批评者提出的问题，一定要及时解决，并及时把处理结果通知他们本人，以消除他们的不满，让他们觉得他们是受尊重的。

二、梨果国际市场的开发策略

(一) 加强对外宣传力度

一种优良梨的果实，在进入国际市场前，需要进行周密的计划，大力宣传，需要大量的广告开支，甚至需要国家政策的支持。让国外消费者尽可能地了解中国梨的特点，产生购买的欲望，利用各种媒体做广告是必不可少的。可以在国外进行电视广告、路牌广告、火车和汽车的车身广告、街道及市场上的灯箱广告，还可在流动人口多的地方做霓虹灯等广告宣传。在产品上市时，还需要有一系列的促销活动相配合。将人员促销、广告促销、销售促销和公共关系促销方式综合运用，以求在尽可能短的时间内占领市场。

（二）价格保护有利于保护市场

我国梨果价格随意性大，大年货源多，拼命降价，而且供应期短。这对中国梨的销售和市场占有很不利。同一产地、同一品牌的梨果，在世界各地销售要采用同一销售价格，并且要保证全年供应。这样，不仅可以避免中国内部不良的竞争现象，而且可以提高国际市场的占有率，扩大销售。

（三）质量严格如一可产生品牌效应

进入国际市场的梨果，必须要把好质量关。某一品种的梨果在进入市场前，要严格检验果实的内在质量和外观质量，经过高级选果机挑选、分级、打蜡和包装之后再销售。梨果的内在质量基本一致，外观晶莹，大小一致，使某一品种的梨果在异国的消费者中留下深刻的印象。

（四）迎合消费者口味

不同的国家有不同的文化背景和饮食习惯，口味各有偏爱。了解销售国的风俗人情和饮食文化，可以投其所好，首先在感情上让消费者接受。

（五）开辟国外流通渠道

梨果在出口国国内的流通渠道，大体上有三条：即梨农或梨加工者→中间批发商→出口商→质量检验；梨农或梨加工者→出口商→质量检验；梨农或加工者→自营出口→质量检验。无论采用哪一种流通渠道，都必须通过国家海关质检站的质量检验，才能出口。通过质量检验的梨，从生产国交到国外进口国的进口商那里，再经过一两个中间环节，最终到达消费者手中。

在上述的流通渠道中，对中国梨来讲，最主要的是国外的流通渠道要疏通，寻找进口商、销售商是梨果进入国外市场的前提。

向国外开辟梨果市场，首先得进行国外市场调查，对市场调查收集的资料进行分析整理之后，确定目标市场。目标市场确定下来之后，寻求国外进口商和经销商。进口商可以是进口国的进口经纪人或海关经纪人，在进口国的大城市或重要城市就可以找到能办理进口果品业务的经纪人。到达进口国海关的梨果需办理报关手续，在完成入关、检查、评估、运货之后，梨果进入进口国。在进口经纪人或海关经纪人的帮助下，可以建立进口国内的销售渠道。

三、解决我国梨果出口贸易存在的问题

（一）提高梨果质量

我国梨果出口受到限制的主要原因之一，是果品质量上不去，梨果的内在品质、外观及包装都不符合国外市场的要求。所以，在一定产量的基础上，狠抓质量，提高梨果品质，是实现梨果出口的先决条件。

最大限度地减少农药对梨果的污染，生产出合格的绿色果品，是梨果出口的前提。出口的梨果都需要经过农药残留、果品内在质量、外观等一系列的严格检验。要使梨果的内在质量符合标准，绝不允许有危害人体健康的农药、化学物质污染的现象存在。我国有自己的水果农药残留限量国家标准，不同的国家要求的标准不同。所以，要想打入国际市场，生产无公害的优质梨果，就必须从栽培管理开始，向果农传授栽培管理新技术，以生产出优质、无化学物质污染的梨果，推向国际市场。根据国内外梨果市场需求的形势，梨农应提高梨果的质量意识，掌握综合防治梨果病虫害的新方法。应将工作的重点从以提高数量为主的技术路线，转为以提高梨果质量的技术路线上来，科学地控氮、控水、控制农药使用种类和数量，控制早采，使优质梨的生产技术规范化，形成产前、产中和产后配套的技术模式，使“良种＋科学管理”出名品。

（二）解决贮运问题

我国梨果采收后机械化的商品化处理比较少，在流通过程中应用梨果贮运、保鲜的先进设备极少，低温恒温运输和冷链系统处理运输、贮运果品还没有完全形成，有信誉、现代化的贮运公司还未形成。这些贮运过程中的问题不解决，必然会使出口产品的质量受到影响。

（三）树立出口商品的信誉

保证出口梨果的质量和按时提供梨果的数量，对出口商来讲非常重要，良好的信誉是建立国外流通渠道的关键，也是占领国外市场的关键。失去信誉就会失去市场，自己断了自己的外销渠道。

（四）强化生产与外销的联系

我国梨果的生产经营，属一家一户的分散经营方式，缺乏规模化的生产管理方式。一家一户的分散经营方式已显示出它的弊端，它在梨果的生产、销售和贮运等方面都不适应不断变化的国外市场的需要，很难进行标准化管理，很难进行对外贸易的统一组织和统一管理。这使梨农生产的梨果和外销要求不对路，缺乏市场竞争力。许多国家对进口果品除进行严格的检疫之外，对生产国生产管理标准、质量标准等，都有严格的要求。所以，集中经营，分散管理，统一梨农的认识，有组织、有计划地生产，实现生产标准化、管理规范化、经营集约化，生产出适合外销的梨果，是我国梨果走出国门的先决条件。

（五）加强对外宣传

我国生产优质梨的地区不少，能够走出国门的并不多，除了销售渠道、质量把关和包装等一些问题之外，对外宣传的力度也不够。出口梨果需要充分利用国际促销手段和一切有利时机，大力宣传我国的梨果，使我国的优质高档梨果，被外商所认识和了解，使国外的消费者对我们的优质梨也有相当的了解。加大宣传力度，架起我国梨产品和国外顾客之间的桥梁，为开辟国外市场打好基础。

（六）掌握国外市场动态

国际互联网的开通，使世界各国间的距离变小。国与国之间可以通过互联网，了解天下大事，足不出户就可以和任何一个国家取得联系，了解国外市场动态，进行梨果销售活动，及时有目的地捕捉国际市场信息，寻找国际流通渠道，开拓国际市场，了解国际市场的需求，有目的地联系。同时，用国外市场反馈的信息，指导我国的梨果生产，使我国的梨果生产技术与国际梨果生产技术接轨。

四、梨果市场的调查与预测

（一）信息的作用、特征与分类

梨果商品信息，是指在梨果商品经济活动中，能客观描述果品市场经营活动及其发展变化特征，为解决企业市场营销和管理，进行市场预测所提供的各种有针对性的、能产生经济效益的数据、情报和知识等的总称。它包括企业内部的信息和企业外部的信息。企业内部的信息，是指生产计划、梨果的品种、产量、经营决策和新产品的开发等有关企业内部的情况。企业外部信息，是指有关消费者、客户、竞争对手的情况和与经营活动有关的政治、社会环境等情况。应用科学的方法，收集可应用的信息，对收集的信息再进行分类管理，分析应用，及时正确指导梨果业的发展，能使梨果的经营者在激烈的市场竞争中立于不败之地。

1. 信息的作用

信息是制定梨果生产经营策略的重要依据。在复杂多变的市场竞争之中，梨果经营者要想取得满意的营销结果，必须制定正确的营销策略。而正确营销策略的制定离不开市场信息。全面、及时、准确地掌握市场信息，是制定营销策略的基础。信息都有时效性，需要及时收集，及时整理，迅速制定出经营策略。过了时的、不准确的信息分文不值，只会浪费人力、物力和财力。

获取信息是提高效益的关键所在。商品社会里，信息就是效益，掌握广泛的市场信息可以扩大梨果销路，提高利润。在梨果的营销活动中，谁重视信息的开发利用，谁就能抓住机遇，避免损失，提高效益，在竞争中取胜。所以，只有全面了解市场的各种信息，企业才能实现生产有活力、产品有销路、发展有空间。广泛、快速、准确的信息，可以出效益，出财富。对经营者来讲，及时、正确的市场信息，是梨果商品经营的指路灯。

信息是协调各种梨果经营关系的依据。在商品经济中，市场环境变化很快。梨果经营者必须随时掌握市场情况，关注市场变化，不断收集市场信息。同时要根据市场的变化，改变企业内部的情况，协调企业内部和外部经营环境与经营目标之间的关系，保持企业和经营环境的协调发展，使企业在商业竞争之中立于不败之地。

信息是经营者了解自己、了解世界的途径。强化管理信息机构，大力开展情报信息研究，做到知己知彼，掌握世界梨果业的发展动向，是梨果经营成功的关键。

2. 信息的特征

任何信息都具有时效性、更新性和双向性，梨果经营的信息也不例外。时效性，就是有极强的时间要求，过了时的信息就没有用了。现代的商品市场，受到错综复杂的因素影响和制约，市场环境处于高频率的变化之中，信息传递加工处理及时，才能有效地利用信息，并使掌握到的信息发挥作用。所以，加快收集信息的速度，可以最大限度地发挥信息的时效性。更新性，是指信息随着市场变化与发展在不断地运动，进行新陈代谢。这就要求经营者必须不断地收集信息，不断地进行信息的加工处理，以便随时掌握市场新动向，及时把握商机，取得经营的主动权。双向性，是指经营者要把经营的信息传递给市场，而经营者还需要市场把销售的信息反馈回来。要不断地把信息传递出去，同时又及时把信息反馈回来，才能实现信息的完整性，从而有利于梨果的经营。

3. 信息的分类

梨果信息的分类，按分类方法的不同可划分为以下几种：

(1)按流通阶段分类 把梨果在商品流通中不同阶段的信息，分为生产信息、流通信息、分配信息和消费信息。生产信息，包括生产数量、品种、产地和果品质量等；流通信息，包括贮藏条件、贮运方式或流通状况等；分配信息，包括目标市场的供求状况和市场容量等；消费信息，包括梨果促销的效果、顾客的反应和市场消费状况等。

(2)按时间分类 根据信息发出的时间顺序，分为历史信息、现在信息和未来信息。以往的生产、销售的数据与资料等，为历史信息；目前市场的供求状况、生产情况、销售及流通状况，为现在信息；以后将可能出现的市场变化和经营变化等，为未来信息。

(3)按信息用途分类 根据信息的用途，分为管理信息、决策信息和作业信息。管理信息，是指一般管理人员在进行决策、管理时所需要的信息，如货源的应用、营销方案的制定、资金的分配、运输方案的制定等。决策信息，是指对经营方针、经营方法、经营目的等有用的信息，如新市场的开拓、新产品的开发、下一步的投资方向等。作业信息，是指日常的业务活动信息。

（二）梨果市场的信息调查

梨果市场的信息调查，要做到获得的信息准确、及时、完整，而且收集信息的开支尽可能地低。

市场调查的内容主要有：市场需求和消费调查，梨果市场价格的调查，梨果货源的调查，市场环境的调查，市场营销活动的调查等。

梨果市场调查的程序，分为准备阶段、进行阶段和处理阶段。市场调查方法，常见的有：资料分析法、市场观察法、小规模实验法、典型调查法、询问调查法和抽样调查法等。

（三）梨果市场的预测

梨果市场预测，是在市场调查所取得的信息、资料的基础上，应用科学的方法与手段，对市场供求变化、市场环境因素等，进行细致的分析研究，从而推断未来一段时间内市场变化的趋势，为下一步的梨果生产与经销，确定目标，制定经营决策，提供依据。

正确的市场预测，能很好地指导生产，指导经营。搞好市场预测工作，掌握市场供求的变化，有计划、有目的地调整种植结构，及时开发新市场，及时调整战略决策，提高市场竞争力，能使企业的经济效益保持长期的增长趋势。所以，市场预测在梨果经营中至关重要。

梨果市场预测的内容很多，根据企业和个人经营的需要，可以选定不同的内容进行预测。如市场需求预测、货源预测、占有率预测、价格变化预测、市场购买力预测和产品生命周期预测等，与梨果经营有关的方面，都属于预测的内容。

梨果市场预测的方法很多，大致归为两类，即定性预测和定量预测。

1. 定性预测

应由一些具有业务知识、工作经验和综合分析能力的人员进行。它是根据市场调查资料推断未来市场的发展趋势和发展程度。采用这种方法进行市场预测，需要拥有大量的、系统的梨果经营的历史资料和信息。由于这种预测方法具有费用低、简便易行与时间短的特点，所以它是目前市场预测中应用得最普遍的一种方法。其缺点是预测结果的准确性受预测者的经验、综合分析能力的影响，致使预测结果有时不够准确。定性预测方法，又分专家意见法、主观概率法、市场因素推演法和综合判断法等。

2. 定量预测

是指在市场调查的基础上，根据历史资料和现实资料，运用数学或统计学的方法，对与预测目标有关系的影响因素进行分析，寻找它们之间的相互关系和规律性，对未来一定时期内市场变化趋势，作出估计的一种方法。定量预测的结果客观、可靠，可避免主观因素的影响。运用到的预测方法，有算术平均预测法、加权平均法、几何平均法、季节指数预测法、回归预测法和方程预测法等。在定量预测方法中，应用数学知识比较多，其统计方法为统计学常采用的方法，应用时可参考有关书籍。

总而言之，提高梨树生产效益的根本，就是以较低的成本，生产出市场所需要的尽量多的产品。而决定梨产品档次的是梨的品种、生产技术、商品化处理手段及加工形式等。要提高梨树栽培效益，就要一一认真地抓好每个环节，使经济效益、社会效益和生态效益的提高，在各个方面得到落实。

猕猴桃标准化生产技术	12.00元
猕猴桃贮藏保鲜与深加工技术	7.50元
猕猴桃无公害高效栽培	7.50元
猕猴桃栽培与利用	9.00元
猕猴桃高效栽培	8.00元
怎样提高猕猴桃栽培效益	10.00元
猕猴桃园艺工培训教材	9.00元
沂州木瓜栽培与利用技术问答	5.50元
沙棘种植技术与开发利用	4.50元
简明落叶果树病虫害防治手册	7.50元
落叶果树害虫原色图谱	14.20元
落叶果树病害原色图谱	14.90元
南方果树病虫害原色图谱	18.00元
石榴标准化生产技术	12.00元
石榴无公害高效栽培	10.00元
石榴高产栽培(修订版)	6.00元
石榴整形修剪图解	6.50元
石榴无花果良种引种指导	13.00元
软籽石榴优质高产栽培	10.00元
番石榴高产栽培	6.00元
石榴病虫害及防治原色图册	12.00元
桑园园艺工培训教材	9.00元
桑树良种苗木繁育技术	3.00元
桑树高产栽培技术	6.00元
桑树病虫害防治技术	5.20元
茶树高产优质栽培新技术	8.00元
茶园园艺工培训教材	9.00元
茶园土壤管理与施肥	6.50元
茶树良种	7.00元
无公害茶的栽培与加工	9.00元
茶树病虫害防治	12.00元
无公害茶园农药安全使用技术	9.00元
有机茶生产与管理技术问答(修订版)	11.00元
茶树栽培知识与技术问答	6.00元
茶桑施肥技术	4.00元
茶园土壤管理与施肥技术	15.00元
中国名优茶加工技术	7.00元